差距

利潤

視線變遠見

用八爪章魚系統思考，
擺脫窮忙無效的專案管理與企業決策

氣

成本

楊朝仲、于兆鵬、錢穎、陳國彰 / 著

目錄

將系統思考做進一步闡述

高承恕

（逢甲大學董事長）

　　與逢甲大學專案管理碩士在職學位學程主任楊朝仲先生相識多年，專研專案管理、系統思考燦然有成，將理論與實務密切結合，對學術發展及應用貢獻良多。2011年楊教授曾出版《反直覺才會贏》一書，如今再接再厲，結合海峽兩岸專家學者的研究成果，書寫《視線變遠見》出版，內容精實，並佐以具體個案，將系統思考做進一步闡述，相信對社會各界在管理境界之提升必然有所助益。特撰寫短序，以為推薦。

系統思考的專案管理是執行力的基礎

毛治國

（交通大學終生榮譽教授）

　　逢甲大學「專案管理與系統思考研究中心」主任楊朝仲教授是交通大學的博士，2007 年領銜（與人合著）出版過屬於研究所用書的《系統動力學》，當時本人在交大擔任管理學院院長，曾有榮幸為該書寫過推薦序。

　　朝仲後來投入專案管理領域的研究與推廣，很成功地將系統動力學的概念引進該領域，發展出頗具創意的「八爪魚覓食術」系統思考方法，並在 2011 年出版《反直覺才會贏》介紹相關理論與應用案例。接著在 2017 年朝仲又把他在大學通識教育課程中，推廣系統思考的多年教學

與研究心得，彙整成《系統思考與問題解決》予以出版。到了 2019 年再針對高中新課綱中有關「系統思考與問題解決核心素養」的教學需求，朝仲又與 11 位高中老師共同撰寫《輕鬆搞定！新課綱系統思考素養的教與學》。對這些持續努力所累積的成果，我們可用「楊朝仲教授真是一位孜孜不倦、熱心推廣系統思維的『傳教士』！」來讚揚他。

本書《視線變遠見》又是一本由他領銜的新著。全書再以專案管理為主要內容，把專案管理的時間、品質與成本三大主題，用系統概念予以緊密結合，並區分成商業分析（或稱為企業戰略規劃）、產品經理與專案經理三個觀點，探討如何以跨部門協同合作的方式達成「工程如期、品質如式、成本如度」的共同管理目標。本書也特別強調「知識管理」的重要性，並提出一套可行的操作方法——這是一般人很容易忽略的「後專案學習」，因為唯有將專案執行過程中所取得的經驗與教訓，做好整理與紀錄的工作，企業獨有的寶貴經驗才能代代傳承。所以這是一本從概念到方法，坐言起行，具有實用性的專案管理教

戰手冊。

有鑒於東西方管理學院的傳統學程，幾乎沒有開授以「執行」為名的課程，似乎都把「執行」當成是學生畢業後在職場上該自行去摸索的課題，本人就一直認為這是管理教育必須修正的一個重大盲點。執行是一種方法學（就像工程學就是方法學一樣）是有門道可講究的一套學問。專案管理其實就是一門應該在管理學院推廣的方法學課目，雖然它不能涵蓋「執行之學」的全部內容，但一般專業經理人如果能夠以系統思維善用專案管理的概念與方法，就等於掌握了最實用的「執行」工具，可用來實現使命必達的目標。

為了寫本序，本人曾與朝仲有對話的機會。言談中激發出以下的創意火花：專案管理的應用應該還可延伸到企業「創業與成長管理」的領域。由於企業是個生命系統，因此它的生命歷程包括「創生、存在、演化」三種相互銜接但又截然不同的階段，尤其「存在與演化」還是循環滾動發生的過程。這種宏觀的生命歷程，在理論上也未嘗不可用具有銜接性的專案來分階段進行管理，以提高它們的

成功機率；只不過用以支撐這套專案管理背後的系統理論，必須要進行一番典範轉移才行——因為目前專案管理的「背景系統」是一個相對穩定的系統，屬於上述三階段的「存在」情境；而「無中生有的創生」、「有而能變的演化」的「背景系統」就會出現間歇循環的非平衡與不穩定的過渡現象，這時就需要一套可反映企業生命力，有別於傳統典範的新系統理論，其中還需包括一套可用以理解生命系統行為規律的相關法則。這是一個理論與應用上的重大挑戰，本人就在此留下這個議題作為包括朝仲在內所有研究系統理論的學者，共同思考與努力的題目。

序　眼睛看到的叫「視線」，
##　　眼光看到的叫「遠見」

楊朝仲

（逢甲大學專案管理碩士在職學位學程／專案管理與系統思考研究中心主任）

　　世界經濟論壇針對第四次工業革命於 2016 年初發表的未來職業報告中指出那些工作不會被機器人取代，凡是講究創意、具備批判思考、能透過溝通協調與他人合作、解決複雜問題的能力，都不容易被取代。其中溝通協調與他人合作就是「專案管理」的概念，而解決複雜問題能力的「複雜」指的是其問題具有「動態複雜」，類似下棋會時時牽一髮而動全身，而非像拼圖般只是單純的「細節複雜」。動態複雜主要有兩個特性，一是「利害關係複雜」，意思是事件牽涉的利害關係人變多，問題也會跟著變複雜。二是隨時間流逝，問題會不斷改變的「動態性」。

然而面對專案管理與動態複雜問題解決，企業經常發生**「採用的策略無法產生預期效果，甚至出現火上加油的情況」**，而策略之所以沒有達到預期成效造成窮忙，其癥結點往往在於沒有看清問題的全貌。如同觀察冰山一般，只看見了水面上可見的部分，卻忽略了隱藏在水面下的部分。要怎麼做才能看見問題的全貌呢？那就是我們的思考模式必須是有系統的。非經「系統思考」淬練過，將容易忽略問題內部的整體關聯性，陷入專案管理、商業分析、企業決策治標不治本的情形。這種缺乏整體配套的短暫勝利卻隱藏嚴重後遺症的現象，值得慎思！

為了能高效達成「系統思考即戰力」的目的，本書針對動態問題解決與利害關係人所量身訂做的系統思考方法稱為「八爪章魚覓食術」，以章魚頭繪製及爪子伸出抓食物與爪子將食物捲回口中來演繹問題的定義與從問題核心進行發散與收斂的分析動作，這樣的設計方式不僅有趣好記而且容易學習應用，可以讓商業分析師、產品經理、專案經理進行簡單有效的問題解決與配套研擬。本書並實際運用八爪章魚覓食術在以下六大關鍵課題的分析與探討。

關鍵課題一：專案與企業問題解決如何治標又治本？

關鍵課題二：合適的專案與企業決策該怎麼確立？

關鍵課題三：如何擺脫專案經常加班、趕工與重做？

關鍵課題四：解決產品經理在專案「三位一體」的窮忙困擾。

關鍵課題五：企業人員流動快，專案管理經驗學習很難沉澱留存。

關鍵課題六：如何設計高效專案管理儀表板？

我們希望透過這本書，說明「系統思考」的概念在破壞性創新時代很重要，還要教會讀者如何去操作「系統思考」，並實際體會「八爪章魚覓食術」如何達到問題解決、專案管理「視線變遠見」的境界。

最後由衷感謝本書的共同作者——于兆鵬老師、錢穎教授、陳國彰老師，在百忙之中撥冗共同研發系統思考八爪章魚覓食術在動態問題解決、專案管理、商業分析、企業決策等面向，具體有效的導入方法並實際參與寫作。

NOTES

CHAPTER

1

專案與企業問題解決
如何治標又治本？

在《專案管理知識體系指南》（PMBOK）一書提及專案管理源自系統管理，專案管理被視為是系統管理的應用。由此可知專案的本質就是系統，所以系統會有的毛病如：牽一髮動全身、見山非山與時間產生的後遺症，在專案管理時都有可能出現，然而現有的專案管理教育缺乏對於「系統」學習，以至於管理專案很少注意會有系統的問題。

比較專案與系統兩者的對應關係，如下所示：

「專案」係指一個特殊而有一定限度（時間與預算）的任務，或由一群聚相互關連性的工作所共同組合起來的任務，而該任務是以獲得特殊結果或圓滿達成某種成就為目標。

「系統」就是您所感覺到的整體，系統中的元素彼此糾結，會經由時間不斷的互相影響，並且朝著共同的目的運作。

讓我們將專案與系統的定義進行如下的比較：

時間（專案） VS.. 時間（系統）

一群聚（專案）VS.整體（系統）

相互關連性的工作（專案）VS.元素彼此糾結（系統）

目標（專案）VS.共同的目的（系統）

怎麼樣，專案與系統是不是像雙胞胎。

01 專案的本質就是系統

　　何謂系統思考？「呼吸系統」就是解讀系統思考的最佳案例。呼吸系統就是要在一段時間內，藉由身體中相關的器官彼此進行因果互動，才能順利完成通氣和換氣的呼吸功能。因此當呼吸功能有問題時，我們不會只關心鼻、咽、喉或肺等單一器官。如：喉嚨有痰是喉嚨造成的嗎？還是鼻涕倒流所致？如果只專注在喉嚨，解決的策略就會變成吃喉糖來紓解。但喉糖效果結束，還是會繼續有痰的道理一樣。又如觀察冰山一般，只看見了水面上可見的部分，卻忽略了隱藏在水面下的部分。需知冰山下的體積是冰山上的數倍，解決問題時如果無法有能力掌握冰山的全貌，就貿然只針對看的見的部份處理，問題於日後依然會再重現，只是時間延滯的長短而已。

　　而專案也是系統的概念，當發生專案管理問題時，若是直接分析鎖定問題本身，然後就迅速地提出對策，而非

經「系統思考」淬練過，將容易忽略問題內部的整體關聯性，陷入治標不治本的情形。這種短暫的勝利卻隱藏嚴重後遺症的現象，值得慎思！專案管理也經常發生「採用的對策無法產生預期效果，甚至出現火上加油的情況」，而對策之所以沒有達到預期成效，其癥結點往往在於沒有看清問題的全貌。因為專案是臨時性組織，專案成員通常來自其它部門的支援，所以專案經理要管理不同領域的人，亦如呼吸系統要發揮完整功能，專案經理需先定位好專案成員誰適合當鼻子、誰適合當咽喉、誰適合當肺，以及協調器官間相互連動方式，最後管理其互動效率與排除問題。又如專案出現品質不好的問題時，如果專案經理只將注意力單純放在品質流程改善和品質控制工具的導入。而忽略其品質不好的根本原因，可能是由於專案無法如期或無法如預算所間接影響造成的，此刻時程和成本的檢討改善應該是比研究品質控制更迫切重要的工作。由上述可知系統思考的能力對於專案經理是相當重要。

要怎麼做才能看見專案管理問題的全貌呢？那就是我們的思考模式必須是系統思考。

系統思考是一個探索的過程，系統思考就是藉由不斷向專案利害關係人提問「為什麼」來追蹤資訊間串聯的因果關係，以尋找出我們真正該關心的問題為何。各位想一想，我們看診時，常會主動希望醫生詢問的時間與問題多一點，這樣才能找出確切的病因來對症下藥，醫生問的少時反而還會覺得不放心。但是當我們面對職場或專案的問題時，為何就不會想採用醫生診斷的這種思考方式來探索問題的原因呢？所以我們在訪談時要以因果關係的思維持續地問利害關係人「為什麼」，不斷追蹤「如何造成」或「如何影響」的資訊。因為因果關係的資訊獲得愈多，後續問題解決分析的工作就愈容易。以下我們用兩個企業案例來解說如何有效運用系統思考進行專案問題解決的分析工作。

02 企業成本控制問題與系統思考分析

　　企業一旦發生利潤下滑的問題，其主管通常為了控制成本，都喜歡採用減少行銷專案經費來試圖解決問題，如圖 1-1 所示，這是因為行銷專案的績效很難評量。

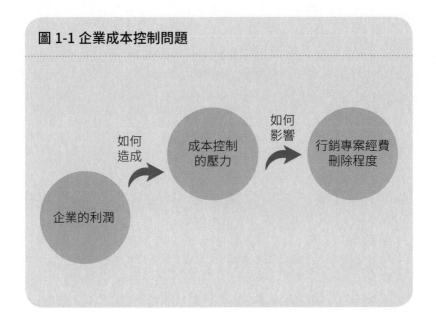

圖 1-1 企業成本控制問題

企業的利潤 ──如何造成──→ 成本控制的壓力 ──如何影響──→ 行銷專案經費刪除程度

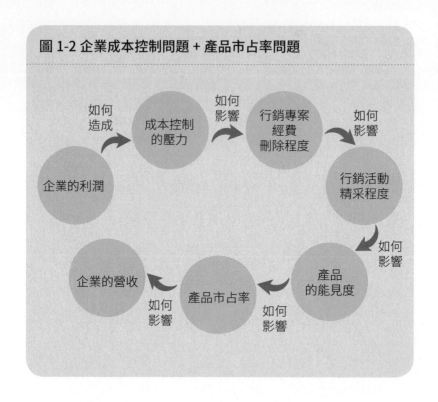

圖 1-2 企業成本控制問題 + 產品市占率問題

如何造成 → 成本控制的壓力 → 如何影響 → 行銷專案經費刪除程度 → 如何影響 → 行銷活動精采程度 → 如何影響 → 產品的能見度 → 如何影響 → 產品市占率 → 如何影響 → 企業的營收 ← 企業的利潤

　　減少行銷專案的經費，將造成專案活動精采度不足，會直接影響產品的能見度。經費減少的數量愈多，產品的能見度就愈低。產品能見度不足的現象若持續一段時間之後將會使產品的市占率下滑，如：行銷通路與促銷活動逐漸減少，當減少到一定程度時，會使消費者因為購買

不易或無促銷吸引力而開始以採買其它品牌來替代，故產品能見度愈低，產品市占率亦愈低。當產品市占率愈低時，企業的營收也會愈低，如圖 1-2 所示。

　　企業的營收愈低時，理所當然企業的利潤也會愈低。此時主管又再度採用行銷專案經費減少的對策來解決問題，雖然利潤又迅速獲得改善，但是一段時間後，再度採

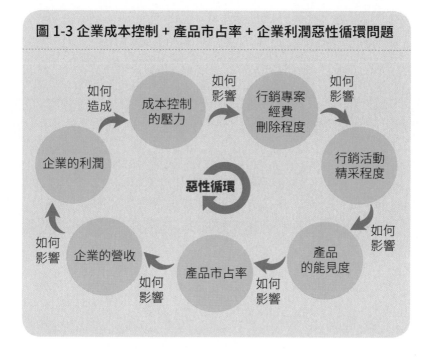

圖 1-3 企業成本控制＋產品市占率＋企業利潤惡性循環問題

用行銷專案經費減少的對策也帶來了嚴重的後遺症，此時主管會更加依賴這類策略，成為一個可怕的惡性循環，如圖 1-3 所示。

當我們透過系統思考分析看見問題的全貌，這時要解決的問題難道會僅限於成本控制嗎？

企業專案進度落後問題與系統思考分析

　　圖 1-4 呈現企業在執行工程專案時經常發生進度落後的問題，我們希望可以運用系統思考來看見這個問題的全貌。首先我們向專案重要利害關係人（本案例為專案經理）萃取因果關係的資訊，再利用這些資訊來繪製系統思

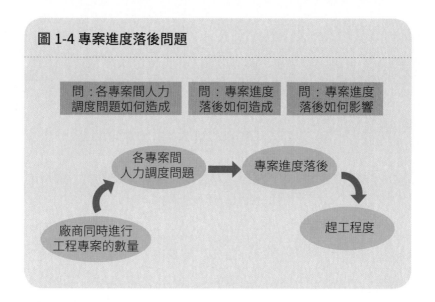

圖 1-4 專案進度落後問題

問：各專案間人力調度問題如何造成

問：專案進度落後如何造成

問：專案進度落後如何影響

各專案間人力調度問題 → 專案進度落後

廠商同時進行工程專案的數量

趕工程度

考圖。請大家注意系統思考圖並非流程圖，圖中的箭頭並非是 A 到 B 的流程關係而是 A 影響 B 的因果關係。從圖中可以明顯發現廠商進度落後的原因是人力資源調度問題所導致，而人力資源調度的發生原因可能是廠商同時進行多個工程專案，如果廠商同時進行的工程專案越多，將導致各專案發生進度落後的頻率更高。接著追蹤進度落後的

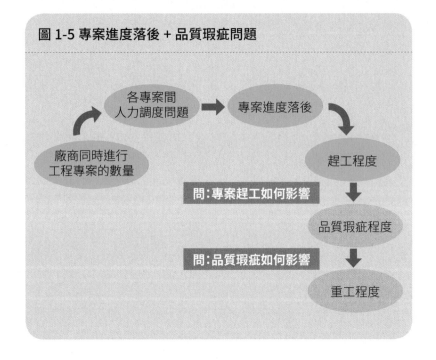

圖 1-5 專案進度落後 + 品質瑕疵問題

各專案間人力調度問題 → 專案進度落後

廠商同時進行工程專案的數量

趕工程度

問：專案趕工如何影響

品質瑕疵程度

問：品質瑕疵如何影響

重工程度

視線變遠見——用八爪章魚系統思考，擺脫窮忙無效的專案管理與企業決策

影響，當發生專案進度落後時，施工廠商會採取趕工的策略來應對。趕工會加快工程施作時間，容易造成品質瑕疵的問題出現。當品質瑕疵出現時，廠商通常會採用重工的策略來因應。我們可以發現這時問題已不僅僅只有專案進度落後一項，還多了品質瑕疵的問題，如圖 1-5 所示。

施工廠商採取重工，會產生額外的專案重工成本。圖

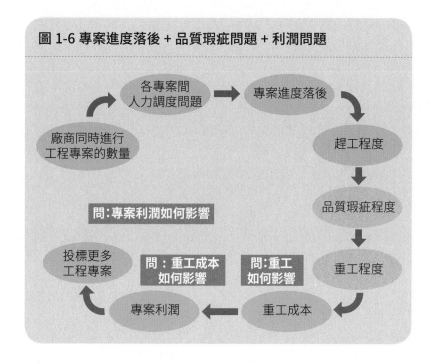

圖 1-6 專案進度落後 + 品質瑕疵問題 + 利潤問題

1-6 呈現重工的風險所造成的專案額外成本將會侵蝕到施工廠商本身的利潤。當施工廠商的專案利潤受到影響時，會導致施工廠商去投標更多的工程專案來增加收益。我們可以發現這時問題已不僅僅只有專案進度落後＋品質瑕疵，還增加了利潤的問題。

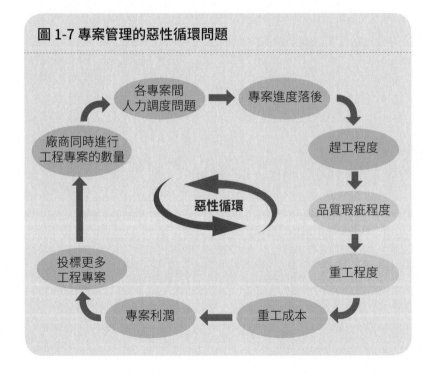

圖 1-7 專案管理的惡性循環問題

各專案間人力調度問題 → 專案進度落後

廠商同時進行工程專案的數量

趕工程度

惡性循環

品質瑕疵程度

投標更多工程專案

重工程度

專案利潤 ← 重工成本 ← 重工程度

得標更多的工程專案會更增加同時進行的工程專案數量，圖 1-7 產生的惡性循環代表隨著時間增加，專案發生趕工與重工的頻率會越來越高。大家可以想想當我們透過系統思考看見問題的全貌，即工期影響品質、品質影響預算、預算影響工期，這時利害關係人的需求與要解決的問題難道會僅限於進度落後與時程管理嗎？

CHAPTER

2

合適的專案與企業決策
該怎麼確立？

破壞型創新時代帶來激烈的商業需求（Business Need）變化，這些商業需求的變化本質上源於社會需求的變化。商業需求的變化帶來商業機會（Opportunity）或問題（Problem）的顯現，隨之而來的是各種各樣解決方案（Solution）的出現。解決方案一旦通過組織授權立項，就成為我們所熟知的專案。

《商業分析實踐指南》（PMI-PBA）一書提及商業分析師應詢問「我們要解決什麼問題？」、「客戶所面臨的問題是什麼？」、以及「現在是解決該問題的好機會嗎？」。由上述可以知道問題解決是商業分析最重要核心工作，問題解決也是專案管理的靈魂，不瞭解專案真正要為客戶解決的是什麼問題的專案經理就像行屍走肉一樣，只是單純執行專案的工作，所完成的專案頂多達到如期、如品質、如預算、如範疇的基本要求，不一定能超越利害關係人的期望。唯有專案的交付標的能確實解決客戶與利害關係人的問題，才有機會超越他們的期望。

這樣的例子很多，其中著名的來往軟體就是一例。因為騰訊出現了微信，所以馬雲覺得恐慌才推出「來往」。

「朋友就是要來往」，這個是來往的宣傳語，雖然阿里花了大量的人力、物力來開發來往，並且馬雲也邀請了很多大牌明星和商界大老在上面帶領用戶一起玩，但來往既與熟人社交開始貌合神離，又與陌生人社交也漸行漸遠。可以說，根本就沒有正視客戶所想要解決的問題，也沒有形成與競爭對手有效的差異化優勢。所以最終導致了失敗。

01 問題解決的高效思考方法 ——八爪章魚覓食術

　　本書針對問題解決與利害關係人所量身訂做的系統思考方法稱為「八爪章魚覓食術」，以章魚頭繪製及爪子伸出抓食物與爪子將食物捲回口中來演繹問題的定義與從問題核心進行發散與收斂的分析動作，由於這樣的設計方式不僅有趣好記而且容易學習應用，可以讓商業分析師、產品經理、專案經理進行簡單有效的問題解決分析與解決方案研擬，來提出適合的專案做正確的事情「Do right things」。

　　以下就讓我們好好來認識系統思考八爪章魚覓食術！

一、章魚頭的繪製

　　一般問題的定義如圖 2-1 所示，由目標、現況與差距所組成。當目標與現況間發生差距時，可能意味著出現了

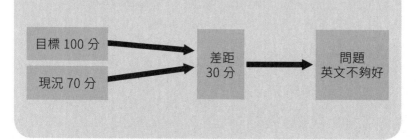

圖 2-1 問題的定義

| 目標 100 分 | → | 差距 30 分 | → | 問題 英文不夠好 |
| 現況 70 分 | → | | | |

問題。

通常差距愈大時，問題的嚴重程度也愈高。舉例如下，英文現況成績為 70 分，自我要求的目標成績為 100 分，此時目標與現況間發生了 30 分的差距，所以問題的定義即為英文不夠好，如圖 2-1 所示。

這時，我們便會採取相對應的措施或對策，希望藉著措施或對策的產出或效果，來改變現況，以期縮小與目標的差距進而解決問題。

上述問題定義的「目標」、「現況」、「差距」與採取的「措施（對策）」和其「效果（產出）」五個名詞即

為章魚頭的核心結構，如圖 2-2 所示。章魚頭繪製需要遵循以下四個規則：

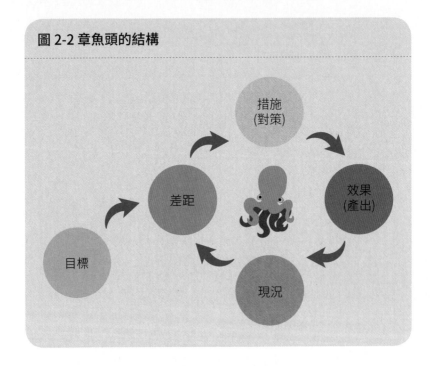

圖 2-2 章魚頭的結構

措施
(對策)

效果
(產出)

差距

現況

目標

規則一：箭頭的連接線需解讀成「影響」的意思，如圖 2-3。箭頭兩側表示兩個名詞之間的因果互動關係，例如：效果→現況，代表效果（因）會影響現況（果），影響方式有四種：效果越好則現況越好、效果越好則現況越差、效果越差則現況越好、效果越差則現況越差。

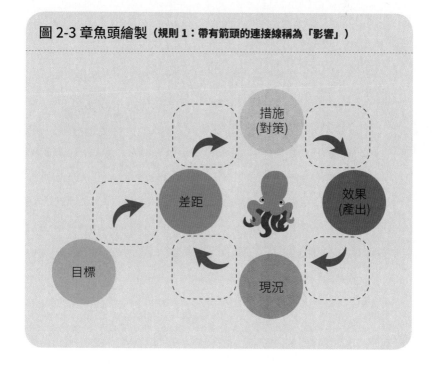

圖 2-3 章魚頭繪製（規則 1：帶有箭頭的連接線稱為「影響」）

措施
(對策)

差距

效果
(產出)

目標

現況

規則二：圖形中的每一區塊都只能放入一個「名詞」，如圖 2-4。

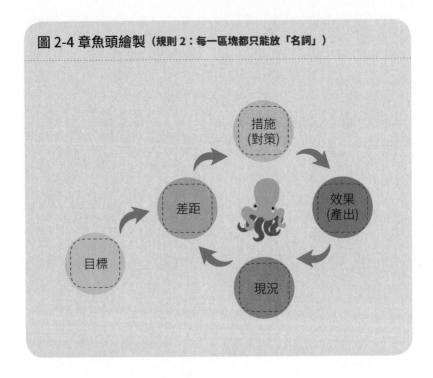

圖 2-4 章魚頭繪製（規則 2：每一區塊都只能放「名詞」）

措施
(對策)

效果
(產出)

差距

現況

目標

規則三：「現況」必須是會隨時間累積而增加或減少的東西，如圖 2-5。

圖 2-5 章魚頭繪製（規則 3：「現況」必須是可以隨時間累積而增加或減少的東西）

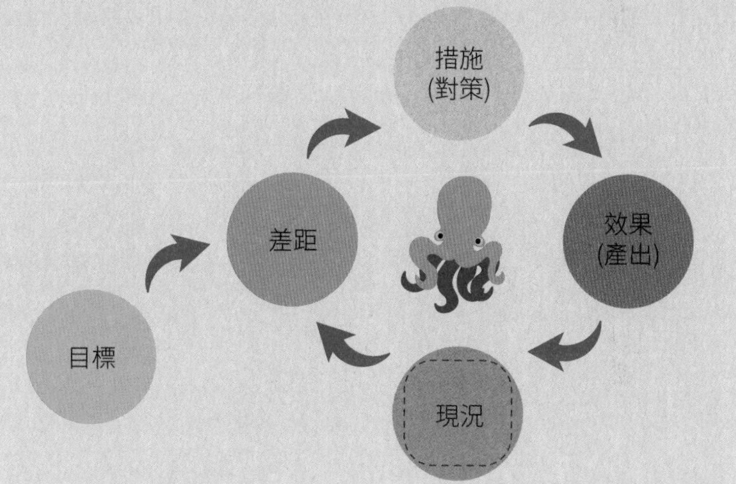

規則四：「現況」與「目標」區塊中的名詞，必須可以用同一種單位來衡量，以利具體反映差距，如圖 2-6。

圖 2-6 章魚頭繪製（規則 4：「目標」必須能與現況用同一種單位加以衡量，以利具體反映差距）

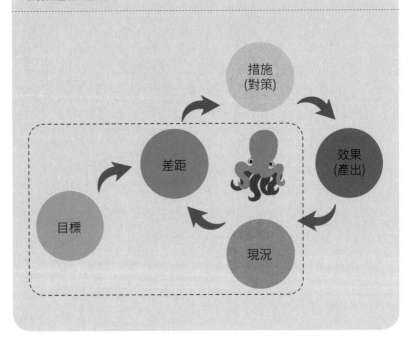

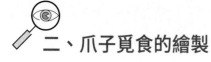

二、爪子覓食的繪製

當章魚頭繪製完成後，接著再由章魚頭上的組成名詞

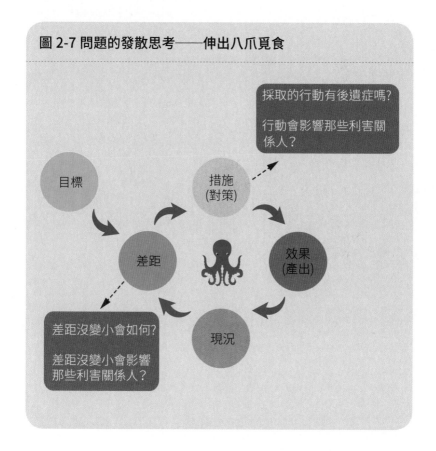

圖 2-7 問題的發散思考——伸出八爪覓食

採取的行動有後遺症嗎?

行動會影響那些利害關係人?

目標

措施
(對策)

差距

效果
(產出)

差距沒變小會如何?

差距沒變小會影響
那些利害關係人?

現況

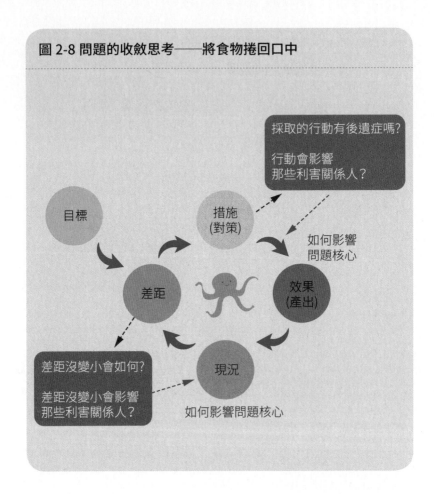

圖 2-8 問題的收斂思考——將食物捲回口中

採取的行動有後遺症嗎？

行動會影響
那些利害關係人？

目標

措施
(對策)

如何影響
問題核心

差距

效果
(產出)

差距沒變小會如何？

差距沒變小會影響
那些利害關係人？

現況

如何影響問題核心

（如：目標、現況、差距、對策、產出）進行問題的發散

思考（模擬為章魚伸出爪子抓食物），例如：採取的對策

行動是否有其後遺症及後遺症會影響哪些利害關係人、差距沒變小會如何及差距沒變小會影響哪些利害關係人，如圖 2-7 所示。之後再進行收斂思考（模擬為章魚爪子抓到食物後再將其捲回至章魚嘴中），例如：後遺症所影響的利害關係人會不會一段時間後再影響到我們的問題、差距沒變小所影響的利害關係人會不會一段時間後再影響到我們的問題，如圖 2-8 所示。

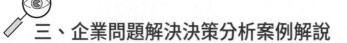

三、企業問題解決決策分析案例解說

以下我們用兩個企業決策的案例，來讓大家迅速瞭解如何運用系統思考「八爪章魚覓食術」來有效解決與分析問題。

■ 企業決策案例一：企業裁員

請各位想想企業裁員的決策是讓問題減輕還是讓問題更嚴重？

企業均將利潤視為是營運過程中最重要的關心事項，

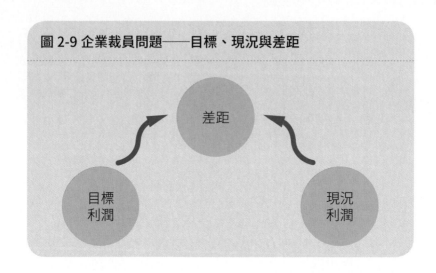

圖 2-9 企業裁員問題——目標、現況與差距

差距

目標
利潤

現況
利潤

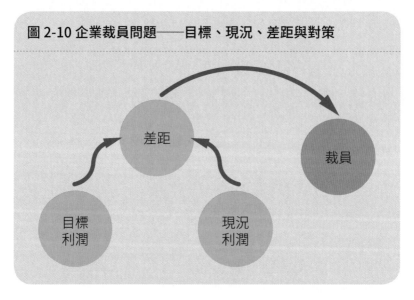

圖 2-10 企業裁員問題——目標、現況、差距與對策

差距

裁員

目標
利潤

現況
利潤

一旦當下的利潤無法達到預期的目標利潤水準，即視為企業的營運出了問題。當下的利潤愈低，則兩者的差距愈大，意味著問題愈嚴重，如圖 2-9 所示。

當遭遇此利潤差距時，企業通常喜歡採用裁員的對策來解決問題，如圖 2-10 所示。

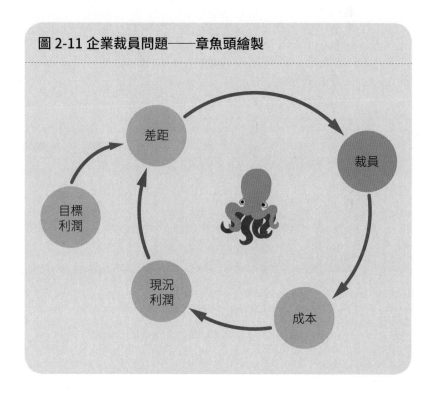

圖 2-11 企業裁員問題──章魚頭繪製

由於裁員可以直接節省企業人事成本，所以裁員的數量愈多，企業負擔的人事成本就愈少。一但企業負擔的人事成本減輕，下一時期的企業利潤就會提高，如圖 2-11 所示。

因為實行裁員的策略，所以利潤會隨著時間愈來愈趨近於目標利潤的水準，如圖 2-12 所示。

直覺上，裁員似乎可以解決迫在眉梢的利潤不佳之問題，但是利潤不佳的問題是否就從此不會再發生了嗎？且讓我們看看裁員之後的故事發展。不定期及無預期的裁員

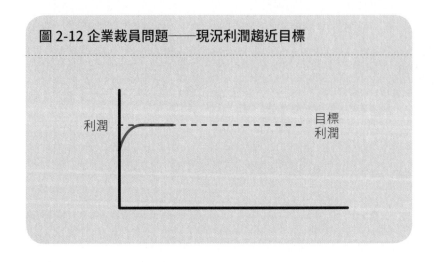

圖 2-12 企業裁員問題——現況利潤趨近目標

利潤　　　　　　　　　　　　　目標
　　　　　　　　　　　　　　　利潤

行動，將會造成辦公室人心惶惶，進而打擊員工的士氣。
裁員的數量愈多，員工的士氣就愈低，如圖 2-13 所示。

　　士氣低迷的現象如果持續了一段時間之後，許多員工
上班時，就會開始將專注力放在工作以外的事情。如：業

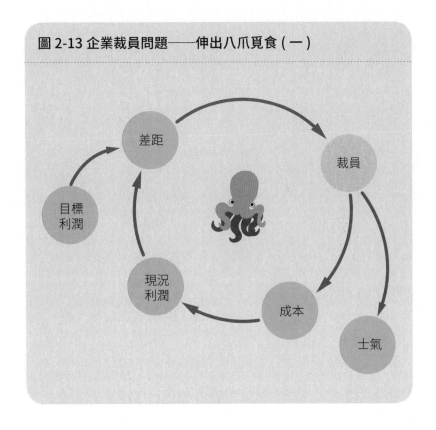

圖 2-13 企業裁員問題——伸出八爪覓食（一）

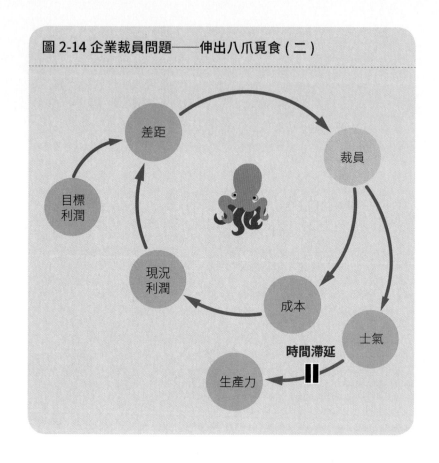

圖 2-14 企業裁員問題——伸出八爪覓食（二）

差距

裁員

目標
利潤

現況
利潤

成本

士氣

時間滯延

生產力

務人員出外跑業務時，難保他與客戶洽談的內容可能是跳槽而非生意；行政人員的電腦螢幕也有可能經常出現人力銀行的網站，而非行政作業流程的頁面。這些行為都會嚴

重衝擊員工的生產力，只是因為士氣影響生產力有時間滯延，不會立即反應出來。此外，士氣愈低，生產力亦愈低，如圖 2-14 所示。

當生產力愈低時，工作完成的時數就會增長，工作時數增長就會導致許多不必要的成本發生（如：加班、趕工

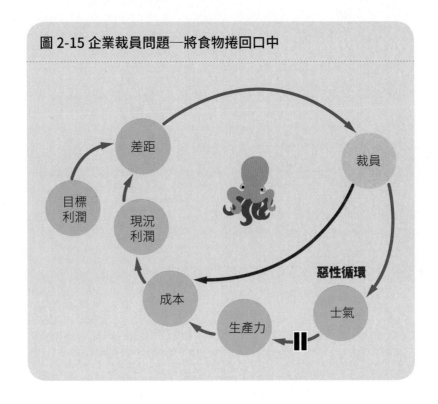

圖 2-15 企業裁員問題─將食物捲回口中

等費用）。所以生產力愈低，企業負擔的成本就會愈多，如圖 2-15 所示。

　　裁員影響員工士氣，低迷的士氣持續了一段時間後，將導致生產力降低的後遺症出現，進而衝擊成本，後遺症使得原先因裁員所提升的利潤面臨後續持續降低的命運，讓利潤更加遠離目標利潤的水準，如圖 2-16 所示。

　　由於對策產生了後遺症，使得原先欲矯正的情況更加惡化，企業主管再次面臨了利潤衰退的窘境。此時主管又再度採用裁員的對策來解決問題，雖然利潤迅速獲得改

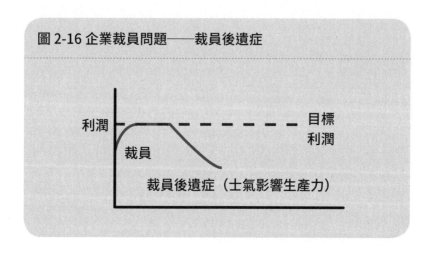

圖 2-16 企業裁員問題──裁員後遺症

利潤

目標利潤

裁員

裁員後遺症（士氣影響生產力）

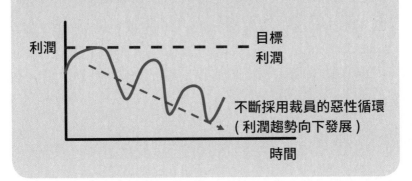

圖 2-17 企業裁員問題──裁員惡性循環

利潤

目標
利潤

不斷採用裁員的惡性循環
（利潤趨勢向下發展）

時間

善，但是一段時間後，再度採用裁員的對策也帶來了嚴重
的後遺症，此時主管會更加依賴這類對策，而導致無法自
拔，讓利潤的問題隨著時間的前進，成為一個趨勢發展向
下的可怕惡性循環，如圖 2-15 與圖 2-17 所示。

　　這種情形就如同每次感冒時，均仰賴吃感冒藥來對抗
病毒，長此以往，身體的抗藥性將會越來越強而身體的抵
抗力亦會越來越弱，抵抗力的下滑會導致身體越容易被病
毒所感染。所以裁員這種直覺式的因應對策，在考慮時間
的效應下，究竟是讓問題減輕還是讓問題更嚴重？這點是

值得企業領導好好地進行反思。

　　藉由八爪章魚覓食術看清了裁員的後遺症與惡性循環，接著就能擬定商業分析最重要的成果—解決方案。裁員雖無法避免，但是為了防止團隊工作士氣受到打擊而誘發一連串的後遺症，可以於裁員後的第一時間向員工說明至少半年內不會再有裁員的動作，但是這樣的行動只能治標，只是將後遺症發生的時間往後延，其目的是為了替治本的策略爭取更多的時間。業績提升方是治本的方向，所以此時可將裁員節省下來的錢提出一部分用來執行業績提升的方案。即設計一個業務人員團體競賽專案並提供豐厚的績效獎金讓業務人員更賣力地去爭取客戶，並且為了讓業務人員能專心地跑業務，業務人員原先負責的相關行政工作（例如：新客戶資料建檔、舊客戶電話關心與問題解決等）則分配給公司行政人員。行政人員因為多負擔了額外的工作，需要加班的時間也會比平常多，因此除了讓行政人員可以提報加班的時數額度增加之外，也要適度提高此一階段行政人員加班的單價。

■ 企業決策案例二：超市賣場生鮮產品打折促銷

請各位想想打折促銷的決策是讓問題減輕還是讓問題更嚴重？

大型超市或賣場經常採用生鮮產品打折促銷的決策來吸引人潮提高營業額，然而這樣的做法如果沒有經過「系統思考」淬鍊就直接執行，就有可能會發生飲鴆止渴的不良效應。我們假設有一家大型超市或賣場其現況營業額為 1,000 萬，為了達成營業額 1,500 萬的目標，而啟動生鮮產品打折促銷的對策。一旦生鮮產品的打折幅度越大則生鮮產品熱賣的程度就有可能越高，生鮮產品越熱賣則營業額增加量就越多，營業額增加量會立即提升現況的營業額，如圖 2-18 所示。

如同案例一的分析，直覺上，產品打折促銷似乎可以讓當下營業額有效提升，但是營業額無法達標的問題是否就解決了嗎？且讓我們看看產品打折促銷之後的故事發展。生鮮產品的打折幅度越大則吸引而來的顧客數量就有可能越多，賣場短時間湧入大量顧客就容易造成顧客排隊等待結帳的時間變久，過久的排隊等待會提高顧客不滿的

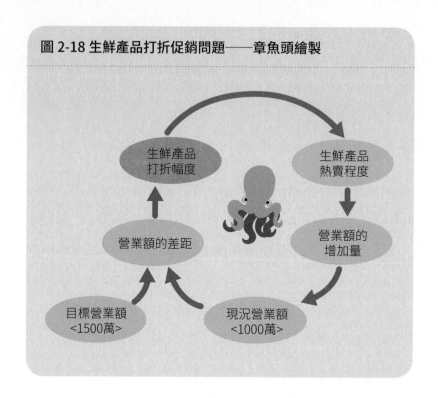

圖 2-18 生鮮產品打折促銷問題——章魚頭繪製

生鮮產品
打折幅度

生鮮產品
熱賣程度

營業額的差距

營業額的
增加量

目標營業額
<1500萬>

現況營業額
<1000萬>

情緒，顧客情緒不滿的程度太高會造成顧客不願意下次再來賣場消費，一但舊顧客不願再來消費則後續營業額減少量就會提升，營業額減少量的產生會降低現況的營業額，如圖 2-19 所示。

另一方面，生鮮產品越熱賣則產品來不及補貨的程度

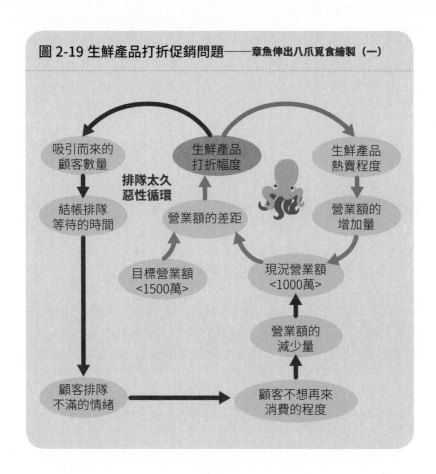

圖 2-19 生鮮產品打折促銷問題——章魚伸出八爪覓食繪製（一）

就越高，來不及補貨會造成顧客買不到打折產品，顧客買不到打折產品的機率越高則顧客不滿的情緒也會提高，顧客情緒不滿的程度太高會造成顧客不願意下次再來賣場消

費，一但舊顧客不願再來消費則後續營業額減少量就會提升，營業額減少量的產生會降低現況的營業額，如圖 2-20 所示。

圖 2-20 讓我們看清了排隊太久與來不及補貨兩個惡

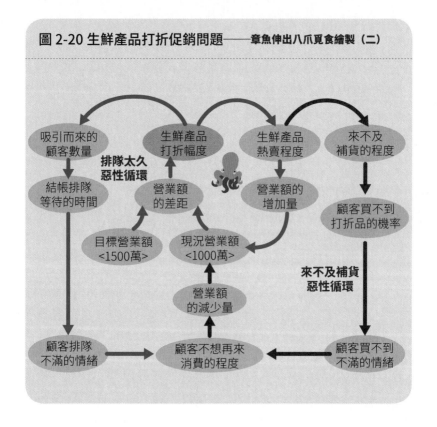

圖 2-20 生鮮產品打折促銷問題——章魚伸出八爪覓食繪製（二）

性循環，接著就能擬定其相應的配套措施。在排隊太久方面，我們可以增加賣場排隊動線引導人員與增設結帳櫃台。在來不及補貨方面，我們可以針對買不到生鮮產品的顧客發送其它產品折價券或增加其它供應商管道。

系統思考八爪章魚覓食術除了能應用在企業決策有效擬定，也很適合運用在物聯網與互聯網的商業分析。所以本章接著用兩個案例來介紹如何運用系統思考「八爪章魚覓食術」進行物聯網與互聯網金融簡單高效的專案擬定之問題解決商業分析。

02 物聯網的系統思考與商業分析

參考八爪章魚覓食術的架構來設計以下四個步驟，以利物聯網的系統思考商業分析能簡單高效進行。

步驟 1：描述問題、定義問題。

步驟 2：問題解決相關對策提出。

步驟 3：策略後遺症分析。

步驟 4：後遺症配套措施研擬。

接著我們以「停車格設置感測器及連網設施，偵測是否有車位」來解決「都市中找停車位」的問題來說明上述四個步驟的應用。

步驟 1：描述問題、定義問題

　　大都市中找停車位通常會花上許多時間，如何讓駕駛員能更快找到停車位，解決不易停車的問題，便是物聯網應用的重要商機所在。藉由現況（經常花 30 分鐘找車位）、目標（希望 5 分鐘就能找到車位）、差距（現況和目標有 25 分鐘的差距）三個名詞來具體定義問題，如圖

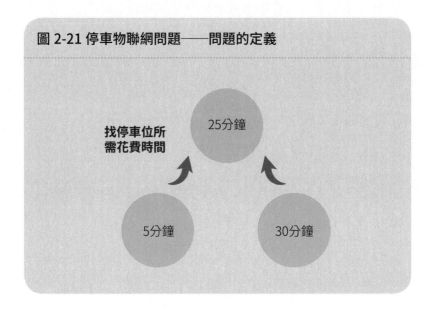

圖 2-21 停車物聯網問題──問題的定義

找停車位所
需花費時間

25分鐘

5分鐘

30分鐘

2-21 所示。

步驟 2：問題解決相關對策提出

針對差距提出如下的物聯網因應對策，並繪製章魚頭，如圖 2-22 所示。

(1) 停車格設置感測器及連網設施偵測是否有車，即時將都市中每一個停車格資訊回傳雲端主機。

(2) 主機分析車主與其附近空間中空車格資訊，回傳給車主空車格情報。

步驟 3：對策後遺症分析

接著分析因應的物聯網對策是否會有後遺症，如同時有多台車子都收到空位訊息，造成多台車子前往同一個空位，導致更不容易停車，浪費更多時間停車。此步驟就是章魚伸出八爪覓食與捲回口中的動作，如圖 2-23 所示。

圖 2-22 停車物聯網問題──章魚頭繪製

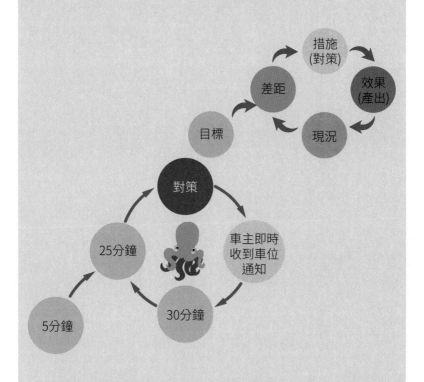

(1)停車格設置感測器及連網設施，偵測是否有車，即時將都
　市中每一個停車格資訊回傳雲端主機。
(2)主機分析車主與其附近空間中空車格資訊，回傳給車主空
　車格情報。

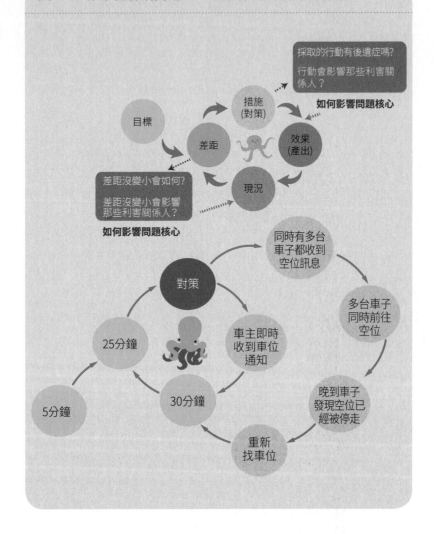

圖 2-23 停車物聯網問題——章魚伸出八爪覓食繪製

採取的行動有後遺症嗎？

行動會影響那些利害關係人？

如何影響問題核心

目標

差距

措施（對策）

效果（產出）

現況

差距沒變小會如何？

差距沒變小會影響那些利害關係人？

如何影響問題核心

對策

同時有多台車子都收到空位訊息

多台車子同時前往空位

晚到車子發現空位已經被停走

重新找車位

30分鐘

25分鐘

5分鐘

車主即時收到車位通知

步驟 4：後遺症配套措施研擬

　　最後提出後遺症的配套措施，如表 2-1 所示。「配套」這兩個字大家常常看到，也常常用到，但各位可曾想過如何才能設計出真正有用，而非交差了事或是應付一時的「配套」，如果一個人在設計配套的時候，既沒有看清楚問題全貌，也沒有找出問題本身與解決方案之間的因果關聯，您覺得他能夠設計出真正有用的配套嗎？通常商業獲利模式就會出現在配套措施，如導入付費模式，先通知付費者。考慮配套，專案就會擬定為物聯網停車資訊分級通知系統研發專案，如表 2-1 所示。

表 2-1 配套措施與專案研擬表

專案形成 物聯網停車資訊分級通知系統研發專案	
影響（後遺症）	配套措施（商業獲利模式）
車位少車子多的情況，同時有多台車子都收到空位訊息前往同一空位	導入資訊分級通知付費模式

03 互聯網金融的系統思考與商業分析

　　螞蟻金服前身支付寶只是淘寶的財務工具，初衷是為了解決電商中的信用問題。但現在，支付寶已經從財務工具演化為一種生態系統：它從線上交易的支付管道角色，變成各種應用場景的廣泛吸納者。它不僅從支付出發（支付寶錢包），隨後還從理財出發（給使用者提供理財產品，如餘額寶、招財寶），從融資出發（給小商家提供小貸型融資，如螞蟻小貸和網商銀行），以及從資料出發（將為社會提供徵信等資料服務，如芝麻信用）。螞蟻金服的出現，迫使銀行業不得不改變它們的產品類別和形態。這就是為何《商業分析實踐指南》中最重要的核心工作就是「確定問題和識別商業需要」。在餘額寶出現之前，理財往往只屬於有錢人的專利，銀行的理財產品通常設有 5 萬人民幣存款以上的限制，存款不豐的民眾往往只能「望櫃興歎」。這個商業需要被發掘後，支付寶與天弘

基金合作發展出了「餘額寶」產品，這立刻成為中國互聯網金融的里程碑事件。馬雲更是說出了「如果銀行不改變，我們就改變銀行」的豪言壯語。上述螞蟻金服餘額寶、招財寶的系統思考章魚頭如圖 2-24 所示。

螞蟻金服所看重的支付寶錢包，目前用戶近 1.9 億。從某種意義上說，一、二線城市居民使用支付寶錢包已經較為普及，螞蟻金服的重點是推廣三、四線以及農村市場，讓更多的人口捲入移動支付場景。再加上每年過年的春運，各種大眾交通工具上的扒手是嚴重問題，由於 ATM 在很多偏遠地區並不普及，因此到外地打工的民工，不管回不回鄉，如何把錢帶回去是個大問題。有鑑於此，螞蟻金服快速地與三、四線城市和農村的金融機構聯通，打開支付寶錢包更為廣大的市場。目前螞蟻金服已經與 2,300 多家農村金融機構聯通，一方面，為農村使用者開通線上支付通道，方便他們線上、線下購買生活、農資用品的支付需求；另一方面，對接金融機構和農戶，為農戶提供消費、農資購買等信貸需求，正如一位業界人士所說，螞蟻金服的做法使得「農村市場可以從互聯網支付直

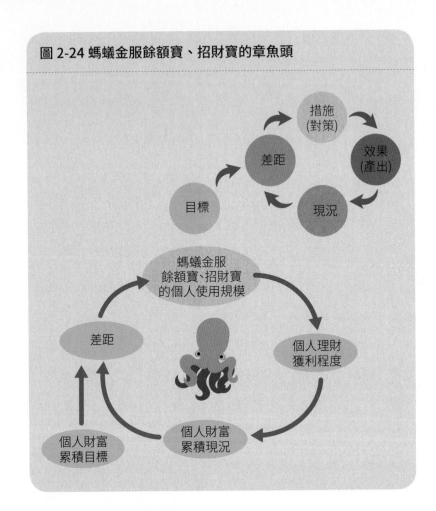

圖 2-24 螞蟻金服餘額寶、招財寶的章魚頭

接跳到移動互聯網支付」，上述螞蟻金服支付寶的系統思考章魚頭如圖 2-25 所示。

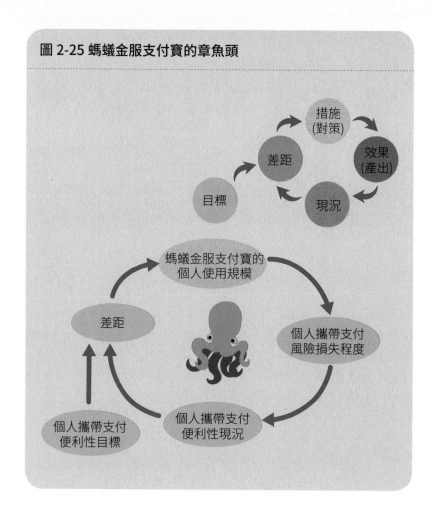

圖 2-25 螞蟻金服支付寶的章魚頭

　　正因為螞蟻金服在與 2,300 多家農村金融機構聯通看到了巨大的商機，導致阿里高層堅定了戰略的方向，決定

更全方位地挖掘這個商業需求。2014年10月，阿里巴巴集團宣布，將啟動千縣萬村計畫，即在未來3~5年內，投資100億人民幣，建立1,000個縣級運營中心和10萬個村級服務站，將其電子商務的網路覆蓋到中國1/3強的縣以及1/6的農村地區。阿里集團電商業務在農村的擴張，跟螞蟻金服「向下」的擴張是「同步、同構」的。

最近令業界震動的是，螞蟻金服要推出「芝麻信用」這一徵信專案產品，即根據商戶和消費者在阿里系統裡面的交易資料，進行個人信用評級，像美國的FICO一樣，成為全社會的基礎信用提供者。要知道，在中國，信用記錄的缺失被認為是無法進行精細風險定價的關鍵。能被全社會認可的徵信，被認為是整個金融行業的「制高點」。上述螞蟻金服餘額寶、招財寶、支付寶、芝麻信用系統思考八爪覓食與捲回口中如圖2-26所示。

學習系統思考八爪章魚覓食術能讓商業分析師與專案經理更容易看到問題的全貌，讓眼睛看到的事物，從視線變遠見，高效擬定出滿足利害關係人期望的專案。

圖 2-26 螞蟻金服餘額寶、招財寶、支付寶、芝麻信用的八爪覓食與捲回口中

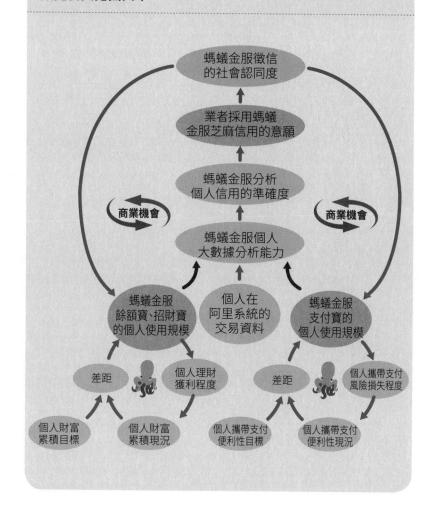

CHAPTER

3

如何擺脫專案經常加班、趕工與重做？

由於專案的本質就是系統，所以系統會有的見山非山、牽一髮動全身、後遺症等特性，在專案管理中都有可能出現。如果發生專案管理的問題時，不以系統思考的方式來處理，就很容易陷入專案管理問題解決治標不治本的窘境，甚至產生惡性循環。

專案如期如質如預算的系統思考

例如專案如期（時間）、如質（品質）、如預算（成本）相互間就是具有上述的系統特性，以下我們運用「八爪章魚覓食術」來進行如期、如質、如預算的系統思考分析。專案進度時程落後，通常會採取加班趕工的對策來達到專案如期的要求，我們可以用章魚頭來展現專案管理如期的問題解決邏輯，如圖 3-1 所示。

接下來我們思考加班對策會有什麼後遺症，一旦加班持續時間過久，可能會使專案成員產生過度疲勞，導致不斷做錯，讓專案交付標的不良率提升。專案品質不合要求會進行重做（專案如質的對策），重做的工作量太多會使下階段專案工作進度繼續落後，影響整個時程績效，甚至加重原先加班的時間，形成一個如期影響如質的惡性循環。

我們可以用伸出八爪覓食與捲回口中來展現專案管理

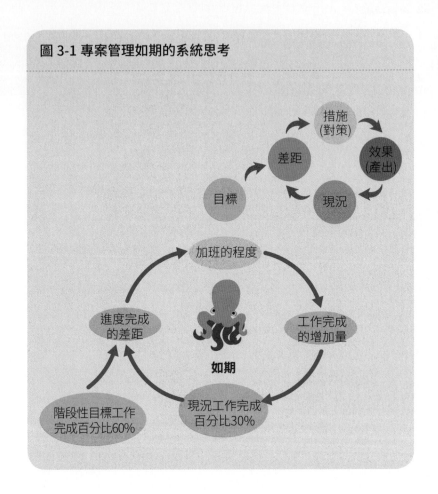

圖 3-1 專案管理如期的系統思考

措施
(對策)

效果
(產出)

差距

目標

現況

加班的程度

進度完成
的差距

工作完成
的增加量

如期

階段性目標工作
完成百分比60%

現況工作完成
百分比30%

　　如期影響如質的惡性循環，如圖 3-2 所示。

　　此外，大量的加班會增加許多額外費用開銷，爲避

免經費超支發生而採用裁減專案人員（專案如預算的對策），裁員將增加既有專案成員的工作量，額外的工作量會影響既有專案的完成進度。我們可以用伸出八爪覓食與

圖 3-2 專案管理如期影響如質的系統思考

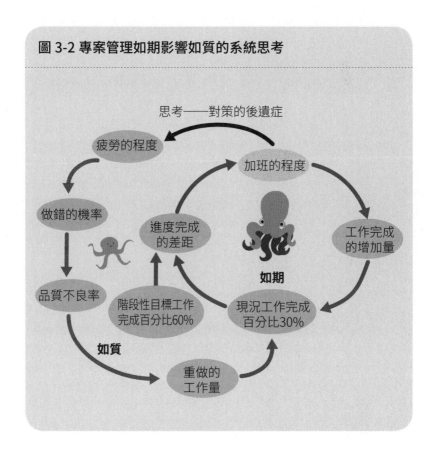

捲回口中來展現專案管理如期影響如預算的惡性循環，如圖 3-3 所示。看見問題後遺症就能容易擬訂相應的配套對策，短期對策可以把非重要性或技術性工作委由工讀生或派遣人力執行，防止加班造成裁員重做的後遺症。中長期對策則是量身訂做員工專案管理教育訓練與導入專案管理流程。

故解決專案管理的問題前，要先想想進度逾期會如何影響品質和預算經費、品質不良會如何影響時間和預算經費、預算經費超支會如何影響時間和品質。因為專案如期、專案如質與專案如預算所採取的對策行動可能會相互干擾，形成數個惡性循環。所以當專案團隊尋求解決專案問題時，必須體認專案管理事物「牽一髮動全身」的系統影響。

因為系統思考認為任何一件事必有利、害兩面，他是一件事的一體兩面，無法分開。因此我們在思考一件事時，不能只是簡單的從某一方面的利或害去說要做或不做，而是要將利、害兩面當作一體去思考，孫子兵法有云，智者之慮，必雜於利害，就是這個意思。

視線變遠見——用八爪章魚系統思考，擺脫窮忙無效的專案管理與企業決策

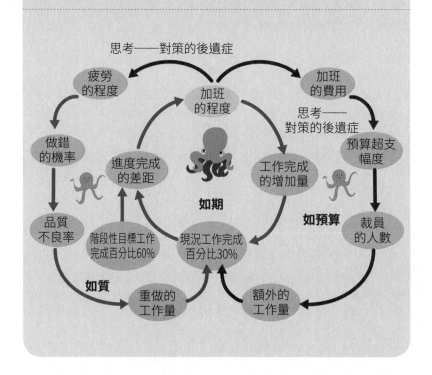

圖 3-3 專案管理如期影響如質影響如預算的系統思考

02 專案整合管理的系統思考

專案整合管理可視爲順利完成專案工作的「程序管理」，每個專案都是經由起始、規劃、執行、監控及結束等五階段的程序運作，如圖 3-4 所示，才能圓滿達成專案目標。

■ 起始程序（Initiating Process）

定義與授權專案，初步訂定專案工作需要完成的事爲何。瞭解對方的需求、假設與限制等資訊，藉由這些資訊初步訂定專案工作需要完成的事或交付標的爲何。最後得到專案贊助者正式的檔案授權，即發展專案章程。

■ 規劃程序（Planning Process）

定義與更新專案目標，同時規劃達成該目標所需採取的行動路徑以及專案執行所需涵蓋的範疇。發展設計一套能讓專案據以執行的專案管理計畫書，亦爲後續專案工作

執行的依據及成效控制的基準（如：預算、進度安排、交付成果的型態等）。

■ 執行程序（Executing Process）

隨著專案的開展，指導與管理專案裡每個活動與步驟，並遵循專案管理計畫書來處理所有執行時遭遇的問題，讓專案有效率的被完成。

■ 監督與控制程序（Monitoring and Controlling Process）

經常性衡量及監視專案進展，以辨識與專案管理計畫書所設定的基準是否產生的差異，並針對差異採取必要的修正、變更、矯正等行動，使其能順利達成專案目標。監督及控制專案工作的目的就是當專案團隊在執行計畫時，必須隨時監督任何可能會發生的問題，並在找到問題後，提出相關的問題解決之因應行動方案。

■ 結束程序（Closing Process）

正式接收專案的交付標的（產品、服務或文件等結果），依序結束所有的作業並撰寫結案報告及整理經驗學習。

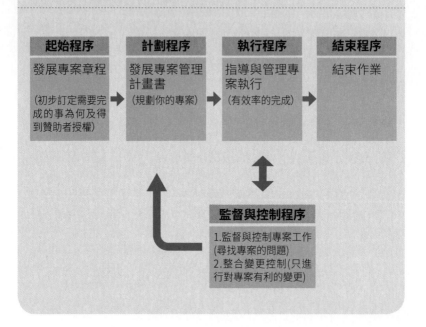

圖 3-4 專案整合管理的五個階段程序

起始程序
發展專案章程
(初步訂定需要完成的事為何及得到贊助者授權)

計劃程序
發展專案管理計畫書
(規劃你的專案)

執行程序
指導與管理專案執行
(有效率的完成)

結束程序
結束作業

監督與控制程序
1.監督與控制專案工作(尋找專案的問題)
2.整合變更控制(只進行對專案有利的變更)

　　系統思考章魚頭導入專案整合管理，分析如下：依據起始程序「專案章程」的資訊於規劃程序發展專案管理計畫書，「發展專案管理計畫書」的目的在設計一套能讓專案據以執行的計畫書，此檔中最重要的資訊為詳細記載專案的基準（如：成本 S 曲線、進度安排甘特圖、WBS

等）。專案管理計畫書的基準可視爲是專案管理的「目標」。然後在執行程序遵循專案管理計畫書進行指導與管理專案執行，「指導與管理專案執行」時當下所完成的狀態可視爲是專案管理的「現況」。

在監督與控制程序「監督及控制專案工作」中，若目標（基準）與現況間發生了「差距」，可能意味我們的專案管理執行出現了問題。通常，差距愈大時，我們即傾向於認定問題的嚴重程度愈高，並隨著差距的擴大，對我們產生的壓力也愈來愈大。這時，我們便希望能借著採取某種矯正「對策（行動）」來改變現況，以期解決問題。

接著針對監督與控制程序「監督及控制專案工作」所建議的矯正行動於監督與控制程序「整合變更控制」中進行審查，審查核准的矯正行動會再進入到執行程序「指導與管理專案執行」進行實際的執行。矯正行動執行後「影響的產出」，將讓專案在下一個時間點的完成狀態更趨近所設定的目標（基準）。

「目標」、「現況」、「差距」、「對策（行動）」、「影響的產出」即爲系統思考章魚頭的組成元素，因此採

用章魚頭將可以具體又簡單地演繹由「指導與管理專案執行」、「監督及控制專案工作」、「整合變更控制」所組成的專案控制回饋機制，如圖 3-5 所示。

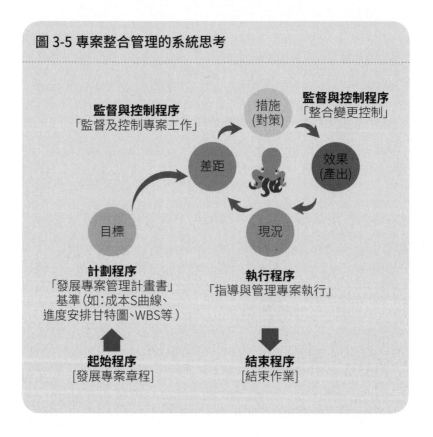

圖 3-5 專案整合管理的系統思考

視線變遠見——用八爪章魚系統思考，擺脫窮忙無效的專案管理與企業決策

03 敏捷專案管理的系統思考

孫子兵法有云：「兵者，詭道也。」企業面對破壞型創新的全方位跨領域競爭時代，要如孫子所說的能隨機應變市場的動態變化與滿足客戶個人化趨勢的體驗，才不會被淘汰。在這方面，專案管理，尤其是敏捷專案管理，能快速有效整合資源來開發有價值的產品以適應客戶多變的需求。然而敏捷專案管理是強調以「人」為主的「化繁為簡，以簡馭繁」管理方式，最重要成功關鍵因素是專案團隊「組織」再造的程度，也就是必須要先建立真正的敏捷團隊，只有這樣才能有效發揮敏捷管理流程的功能。如同一個人就算手握倚天劍與屠龍刀，但自身沒有鍛煉深厚的內力與學習過相應的武功招式來配合，也無法充分發揮武器的最大威力。因此讓組織所有成員有效率有系統的「學習如何學習」是專案管理團隊邁向成為敏捷團隊的首要任務。

「學習如何學習」的敏捷團隊

美國學者彼得聖吉（Peter M. Senge）在《第五項修練》（*The Fifth Discipline*）一書中提及組織學習的七個障礙或盲點：⑴本位主義；⑵歸罪別人；⑶缺乏整體思考的行動；⑷專注於個別事件；⑸對緩慢而來的致命威脅視而不見；⑹經驗學習的局促性；⑺高估管理團隊的效率。我們可以輕易發現恰巧上述這七點都是專案管理團隊的缺點，尤其是功能型與矩陣型組織的團隊。

因為專案團隊由跨部門成員組成，所以成員的部門本位主義與個人框架效應是非常嚴重的，也是成為敏捷團隊的最大障礙。

在《第五項修練》書中提到要使企業茁壯成長，突破本位主義與框架效應的限制，應對變化帶來的挑戰以維持競爭力，必須建立學習型組織，使組織內的人員全心投入學習，提升能力在崗位上獲得成功。

彼得聖吉認為學習型組織是可能的，因為每個人都是天生的學習者。同時，在本書作者于兆鵬所著的《敏捷專

案管理與 PMI-ACP 應試指南》一書提及「服務型領導（或僕人式領導）」這個術語，最早是美國管理學家羅伯特‧格林裡夫（Robert Greenleaf）提出。與自上而下的命令型領導方式不同，服務型領導關注團隊成員的需要。他們與自己的團隊並肩作戰，工作時通常與團隊身處一室，而不存在傳統專案中金字塔型的組織架構，也沒有所謂的大老闆辦公室等等。服務型領導的關鍵是，負責人首先要為大家服務，然後才是領導。服務型領導更傾向於直接參與專案，並參與團隊日常活動。該理念與敏捷理論非常契合。它削弱了等級觀念和自上而下的管理模式，加強了團隊和領導之間的紐帶，同時也意味相對於傳統管理而言更高的忠誠度。而學習型組織之中，領導者是設計師、僕人和教師，與敏捷的服務型領導（或僕人式領導）理念相同。他們負責建立一種組織，能夠讓其他人不斷增進瞭解複雜性、釐清願景，和改善共同心智模式的能力，也就是領導者要對組織的學習負責。

由上述分析可以發現學習型組織是培養團隊成為高效敏捷團隊有效具體的落實辦法。

系統思考打造學習型組織的敏捷團隊

要成為「學習型組織」有五項必備的技能，稱之為五項修練，分別是：

第一項修練：追求自我超越。

第二項修練：改善心智模式。

第三項修練：建立共同願景。

第四項修練：參與團隊學習。

第五項修練：推動系統思考。

其中，系統思考是整合其他各項修練為一體的基石，彼得聖吉認為系統思考的修練是建立學習型組織最重要的修練。過去在輔導許多企業學習系統思考的過程中，發現只要團隊好好落實與推動系統思考，其他四項修練（追求自我超越、改善心智模式、建立共同願景、參與團隊學習）都會自然而然地在團隊中被培養出來，無須刻意獨立訓練。有鑑於此，以下我們將具體說明如何運用系統思考

來打造擁有學習型組織特性的敏捷團隊。

　　敏捷的開發團隊與一般專案執行團隊最大差異是工作規劃由團隊成員自己來主導執行並非仰賴專案經理，還有團隊要具有嚴格的自我時間管理能力與問題解決的能力。敏捷強調固定時間或稱時間盒的概念，如：發布時間、反覆運算迴圈時間、每日站立會議時間的掌握都是管理的成功關鍵，同時敏捷提倡的僕人式領導是要藉由主動傾聽、詢問問題不講答案的方式引導團隊自行思考產生解決問題的對策。系統思考如何有效培養團隊進行自我規劃工作、自我嚴格時間管理能力與解決問題等能力，分述如下。

　　系統思考導入自我規劃工作方面，「呼吸系統」是解讀系統思考的最佳案例。呼吸系統就是要在一段時間內，藉由身體中相關的器官彼此進行因果互動，才能順利完成通氣和換氣的呼吸功能。因此具有系統思考習慣的敏捷團隊成員會以「共同願景」與「系統整體利益」為工作分配考慮原則，主動認領適合自己專長的工作，正如呼吸系統要發揮完整功能需先定位好誰當鼻子、誰當咽喉、誰當肺，缺一不可。此外，一般的開發團隊經常是點或線型的

思考方式，而系統思考屬於面型思考。所以具有系統思考習慣的敏捷團隊成員，容易做到換位思考與多方位思考，規劃出來的用戶故事也比較符合實際的客戶需求。

系統思考導入自我嚴格時間管理能力方面，系統內的元素具有相互串聯影響關係，正如鼻子不好會影響其他呼吸器官。敏捷的本質就是價值觀的思維變革，所以具有系統思考習慣的敏捷團隊成員，會自動培養出牽一髮動全身的「心智模式」，這種心智模式將有助於敏捷時間管理的有效落實。

系統思考導入問題解決的能力方面，能力是好習慣的養成，習慣就是需要經常性地實際演練與正確方向的指導糾正才能產生的。如果團隊整體問題解決能力不佳，需時時仰賴敏捷教練主導協助，那麼敏捷教練就無法維持僕人式領導，最後會被迫恢復成專案經理的身分來執行專案監督與控制的工作。因此如何讓敏捷團隊在作專案之前就擁有看見問題全貌的能力與建置一致性的問題解決分析流程是敏捷教練的重要職責。

經由多年企業內訓經驗，建議敏捷教練進行敏捷團隊

系統思考問題解決學習時，可以採用以下幾個步驟：

（1）敏捷教練進行系統思考教學時，要採取「團隊學習」。敏捷教練可以使用呼吸系統來說明系統的定義與適

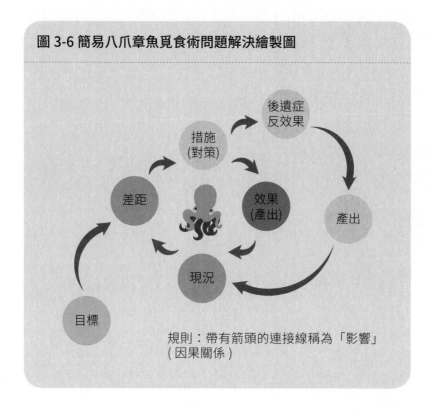

圖 3-6 簡易八爪章魚覓食術問題解決繪製圖

規則：帶有箭頭的連接線稱為「影響」
（因果關係）

用性。

(2) 敏捷教練應該教導簡易八爪章魚覓食術問題解決繪製的基本原則，如圖 3-6 所示。講解圖形時，那些帶有箭頭「→」的連接線解讀成影響的意思。

(3) 引導團隊先從瞭解問題的現況與理想目標開始。

(4) 問題的產生即是現況與理想目標之間產生了差距，接著引導團隊共同思考提出為了消除差距需要採取什麼措施或行動，能讓目標與現況之間的差距會隨時間逐漸消失。還有這些措施或行動實施後會產生什麼後遺症或反效果，後遺症或反效果會帶來什麼產出進而影響現況。

(5) 將上述(3)、(4)資訊繪製成系統思考問題解決圖。

NOTES

CHAPTER

4

解決產品經理在專案「三位一體」的窮忙困擾

在第一章所提的呼吸系統就是要在一段時間內，藉由身體中相關的器官如：鼻、咽、喉或肺等彼此進行因果互動，才能順利完成通氣和換氣的呼吸功能。

　　一般企業裡與新產品或新服務開發相關的專案工作，是由商業分析師、產品經理、專案經理以協同合作的形式來完成，所以這三種角色組成專案的系統，即為本書所指一體三位的概念。

　　上述呼吸系統的鼻、咽、喉或肺等單一器官就等同商業分析師、產品經理、專案經理。順利完成通氣和換氣的呼吸功能，就等於商業分析的專案為何而做、工作與專案管理的專案如何去做與工作順利完成的意思。

　　因此當呼吸功能有問題時，我們不會只關心鼻、咽、喉或肺等單一器官。如：喉嚨有痰是喉嚨造成的嗎？還是鼻涕倒流所致？如果只專注在喉嚨，解決的策略就會變成吃喉糖來紓解。但喉糖效果結束，還是會繼續有痰的道理一樣。如同商業分析出問題，不能只針對商業分析師做檢討，還要瞭解產品經理與專案經理協同合作的程度。

　　而專案管理出問題，不能只針對做專案經理檢討，還

要瞭解產品經理與商業分析師協同合作的程度。所以系統會有的毛病如：牽一髮動全身、見山非山與時間產生的後遺症，在商業分析師、產品經理、專案經理協同合作時都有可能出現。

　　商業分析師就像是把一個成功的組織支撐起來的黏合劑。商業分析是一門獨特的學科，專注於識別商業需要、問題和機會，並確定適當的解決方案。由此產生的專案和專案集可能側重於系統開發、流程改進、組織變革，或三者的組合。商業分析涉及組織的所有層次：戰略、戰術和營運。商業分析師參與到專案和產品生命週期中，他們著眼於組織的企業架構、利害關係人需求、商業流程、軟體和硬體的各個方面。

　　商業分析所關注的商業目標通常可以在組織戰略計畫裡面查到，它來自於組織的願景、使命、價值和戰略。

■ **願景**：願景描述了未來的狀態。

■ **使命**：使命描述了為什麼要達成未來的狀態。

■ **價值**：價值提供了組織為了達成願景如何定義其

使命的邊界。

■ **戰略**：戰略決定了組織的聚焦點。

圖 4-1 描述了從組織願景、使命、和戰略計畫到達成

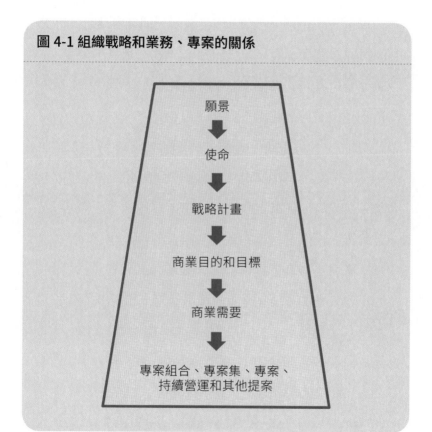

圖 4-1 組織戰略和業務、專案的關係

願景

使命

戰略計畫

商業目的和目標

商業需要

專案組合、專案集、專案、
持續營運和其他提案

戰略目標的專案之間的各層關係。商業目的是一種戰略說明，描述了組織尋求確立或維持當前條件的變化。商業目的可能分解為多個領域，例如客戶滿意度、營運卓越性，或業務增長。

商業目的必須分解為一組能夠量化的商業目標。商業目標主要說明資源投入方向的預定結果，例如：希望達到的戰略定位或意圖。接著商業分析師要進一步瞭解組織現狀與上述商業目標間的差距程度，並分析這些差距是組織缺乏哪些能力所造成，這些欠缺的能力便產生了商業需要，商業分析師最後確定組織適當的解決方案來達成商業需要。產品經理與專案經理則協助商業分析師將解決方案具體規劃設計成可執行的新產品開發相關的專案組合、專案集、專案、持續營運和其他提案。

產品經理的主要工作就是產品管理，根據美國產品管理協會（PDMA）的定義，所謂的「產品管理（Product Management）」是指：「在新產品開發的過程當中，通過不斷監控和調整市場組合的基本要素（其中包括產品及自身特色、溝通策略、配銷通路和價格），隨時確保產品

或者服務能充分滿足客戶需求。」而產品經理就是針對上述特定產品活動肩負所有責任的人。談到產品管理與專案的關係，有一個較恰當的比喻，專案管理負責「生孩子」，產生獨特的產品或服務；而產品管理則負責「養孩子」，所以產品經理需要負責產品從概念到交付、成長、成熟、維護和退市演變過程的一系列階段管理。

圖 4-2 展現了產品和專案之間的關係，說明了產品生命週期是由一個或多個專案生命週期組成的。每個專案生命週期可能包含與產品生命週期的部分（例如產品開發、產品維護和最終產品退市）相關的活動。

圖 4-2 產品和專案的關係

產品生命週期

概念　專案生命週期　專案生命週期　專案生命週期　專案生命週期　退市

02 商業分析、產品管理和專案管理的協同合作

商業分析、產品管理和專案管理三者是彼此協同，密不可分的。首先，我們來看商業分析與專案管理的協同。

專案組合管理是為了實現戰略目標而對專案、專案集、子專案組合和營運的一個或多個群組進行的集中管理。專案集側重於實現一組由組織戰略和目標確定的特定預期效益，而專案主要關注創建支援特定組織目標的可交付成果。專案可能是專案集的一部份，也可能不是專案集的一部份。

商業分析支援專案組合、專案集和專案管理。商業分析能力提升了更高層次的戰略和專案集成果之間的一致性，並給專案組合、專案集和專案管理的實踐和過程進行賦能。

商業分析始於情境的定義和對組織期望解決的問題或要掌握的機會之完整理解，這項工作被認為是專案前期工

作。如果組織缺乏專案組合和專案集管理的機制時，問題解決或機會掌握的定義需要在專案開始時進行。

　　商業分析活動通過說明專案集和專案與組織戰略的匹配來支援專案組合。在專案組合、專案集和專案管理中，商業分析還涉及定義產品範圍、需求、模型和其他產品資訊所必須的啟發和分析活動，以建構對解決方案的共識，並和負責開發最終產品的人明確溝通產品特性。

　　那麼產品管理與商業分析和專案管理的關係是什麼呢？正如上面所提到的，產品管理負責產品從概念到交付、成長、成熟、維護和退市演變過程的一系列階段管理，因此它是一個更廣的生命週期；專案管理負責構建和完善產品，因此專案管理在生命週期角度來看，是產品管理的一部分；商業分析則是聚焦專案的需求管理。

　　產品管理知識體系有七大模組，如圖 4-3：⑴新產品戰略；⑵產品組合管理；⑶新產品流程；⑷生命週期管理；⑸市場研究；⑹工具和度量（泛指整個產品管理過程中會用到的工具與指標）；⑺文化、組織和團隊。

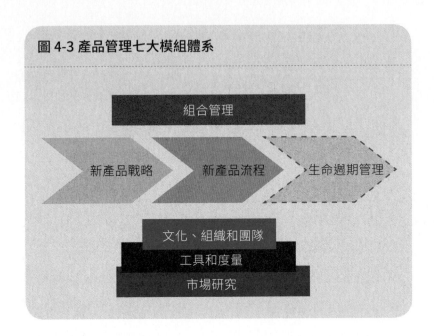

圖 4-3 產品管理七大模組體系

組合管理

新產品戰略　→　新產品流程　→　生命週期管理

文化、組織和團隊
工具和度量
市場研究

　　模組⑴新產品戰略：首先且最重要的是新產品戰略，它指導新產品開發的方方面面。通常，高層管理者負責創新戰略，產品經理負責對接戰略。戰略是在成功規劃創新專案和有效實施新產品開發之間的重要關聯。不同的戰略技術，例如開放式創新和商業模式創新，可以推動新產品開發專案成功執行。

　　模組⑵產品組合管理：接下來，高層管理者還負責產

品組合管理。產品組合管理是一項工具，它可以讓產品經理從所有可選專案中選擇最有吸引力的專案。有效的產品組合管理說明如何適當選擇新產品開發專案，而這些專案與創新戰略具有明確的一致性。

模組⑶新產品流程：因為專案的選擇和實施是用於支持創新戰略，所以每個專案在新產品開發流程中會經過一系列的檢核點，有些時候新產品開發流程又被稱為「階段 - 閘門管理（Stage-Gate）」體系。

新產品開發流程是一個結構化的流程，它根據成功標準檢查表來驗證每個新產品開發專案，並確保其與創新戰略保持一致。在產品組合管理中，所有的專案是同時評估的。而新產品開發流程與產品組合管理不同，它強制要求每個專案必須與獨立的成功指標進行比較分析。

模組⑷生命週期管理：新產品開發框架的另一部份是產品生命週期管理，這是新產品開發框架中的重要工作，在這一個工作環節中，任何新產品的商業化過程中都必須考慮到產品衰退或最終退出市場的情況。

產品生命管理週期應當關注以下內容：當顧客購買了

產品後，如何更好地交付產品和提供服務以支援這些產品，以及下一代產品如何開發和商業化的問題。

模組(5)市場研究：市場研究的成果對於產品經理來說是無價之寶，因為他們必須對接創新戰略，從而形成新產品開發框架的完整循環。

模組(6)工具和度量：團隊和管理層都會使用不同的工具和度量來有效地開發新產品。例如，在產品組合管理中用於呈現決策資料的圖表和圖形就是新產品工具的例子。

模組(7)文化、組織和團隊：任何戰略、產品組合乃至專案，一定是由企業和組織中的人來執行並實現的。而不同的創新形式則需要用不同的組織形式來執行。

這七個模組是一個系統，相互聯繫、不可分割。整個模組體系可以分為四個層級，如圖 4-4：⑴產品戰略和決策；⑵產品規劃、產品開發和產品生命週期；⑶市場、技術、平臺和團隊；⑷支援子流程。

⑴ 產品戰略和決策層

包括產品戰略和產品組合管理兩部分，其中產品戰略

圖 4-4 產品經理知識體系關聯層級圖

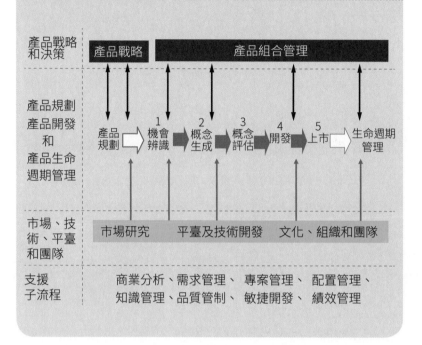

是為產品管理活動提供方向和指引，回答我們應該在哪些
領域聚焦的問題，產品戰略在產品規劃和前期的機會辨識
方面具有關鍵的作用；產品組合管理是使新產品專案與戰
略方向保持一致，因此產品組合管理與新產品開發的各個

流程環節都有關聯，必須通過審查來確保做正確的專案。

⑵產品規劃、產品開發和產品生命週期

這個層級是整個新產品開發的全流程。開始的產品規劃，是基於產品戰略來確定產品的機會點。產品機會點通過前期的市場研究來發現客戶痛點、癢點或爽點，從而產生新產品的發想創意。而接下來，則是產品概念的生成和評估，篩選出合適的概念來立項。一旦專案立項後，則需要投入組織資源來開發產品，並在過程中不斷進行市場測試和產品使用測試。如果產品具備上市的條件，則可以成功上市，進入市場。生命週期管理是關注產品上市後的導入、增長、成熟和退市等不同的階段，確保產品能順利營運，持續產生效益。

⑶市場、技術、平臺和團隊

這個層級是新產品的支撐基礎。其中，市場研究貫穿於整個新產品開發的流程，給新產品開發提供必要的決策資訊；平臺及技術開發是產品開發的基礎。產品平臺是指能用於一系列產品的底層核心技術的共用要素之集合，技術開發則是維護和開發產品技術的規劃，用以支援組織的

未來增長，實現戰略目標；使組織得以成功的最終要素是人，是團隊。而文化和氛圍提供了最終框架，使得戰略和流程在該框架中得到積極和成功實施。

⑷支援子流程

這個層級則是描述了支援新產品開發的子流程。這些子流程雖然並不一定扮演基礎的角色，但也對新產品開發起到保駕護航的作用。這些流程包括但不限於：商業分析、需求管理、專案管理、配置管理、知識管理、品質管制、敏捷開發、績效管理等。

若產品管理除了產品經理之外，還有商業分析師與專案經理的協同合作配置，則上述的模組⑴新產品戰略與模組、⑸市場研究可以交由商業分析師負責執行，模組⑶新產品流程的各個立項專案則可以交由專案經理負責執行。

然而，對於產品經理的職責而言，一般會有以下幾個面向的迷思：

■ 迷思一：如果產品發生問題，產品經理必須負起全責？

其實，產品經理並非公司資方的代表，亦非是公司的專業經理人代表，要如何負全部責任呢？且一個產品最後是否能夠如期、如品質、如預算地推出市場，也不是產品經理一個人說了就算，而是需要密切地與商業分析師、專案經理、以及公司相關決策層級主管共同承擔。

■ 迷思二：產品經理在規劃產品策略時，不用在乎公司所制定的策略？

事實上，依據產品管理的組織架構，公司每個事業單位都必須配合公司的願景（Vision）、使命（Mission）及核心價值（Core Values）來訂立事業單位策略，才能依循此原則進一步規劃產品策略；因此，產品經理在規劃產品策略時，必須遵循公司以及對應事業單位的策略為準則，以做為產品開發依循的方向。

■ 迷思三：產品經理的主要工作僅需開立產品服務規格即可？

一般產品經理往往只會注重產品本身的功能性規格及生產規格，但容易忽略了其規格是否能夠符合使用者的需求，以及上市產品是否能夠符合使用者的期望，因而導致

產品無法成功推出；事實上，產品經理在開立產品規格之前，必須與商業分析師密切合作，與其共同針對市場環境進行調查與分析，以及高度傾聽顧客聲音，依循此分析的結果所開立出來的規格，才能讓產品的規劃更加容易被市場所接受。

因此，總和來說，產品經理最重要的職責有兩大重點：

(1) **確保產品服務的商業價值**：需與商業分析師密切互動，確保產品本身的價值主張（Value Proposition），對使用者有什麼用，對企業有什麼商業價值（Viability）。

(2) **確認可用性和技術可行性**：需與專案經理高度地整合，確認產品於技術上可以做得到，且能讓使用者用得上，並確保最終產品得以實現。

本書三位一體的概念就是指商業分析、專案管理和產品管理這三個工作角色都由產品經理擔任。缺乏商業分析

師與專案經理一起協作的產品經理，其產品管理或專案管理的工作將會更困難更容易失敗，那麼如何在短時間內給產品經理賦能來解決三位一體的問題呢？關鍵就是產品經理除了懂得前述產品管理知識體系，還要學會與活用本書第二章的系統思考商業分析與第三章的系統思考專案管理。

NOTES

5

企業人員流動快，專案
管理經驗學習很難沉澱
留存

著名的管理學家彼得‧杜拉克（Peter Drucker）曾說過，知識工作者與體力勞動者的管理模式是截然不同的。目前的產業經濟模式基本還是延續泰勒的「科學管理」理論：集中控制、專業分工等。而知識工作者需要更多的授權、更多的容錯、更多的協作等等。所以知識工作者和體力勞動者的管理模式截然不同。

　　隨著企業逐步都會演變成知識創新型組織，這就需要更加重視知識管理或經驗學習。在專案管理結束階段十分重視「經驗學習」，其重點在於將這次專案學到的成功及失敗經驗，轉化成檔紀錄下來，作為日後其他專案的參考及借鏡。那麼如何加強知識管理，提升專案管理經驗學習的水準呢？答案是提升員工的「知識行動力」和「知識創新力」。「知識行動力」決定了一個人學習知識，並將其應用到工作的效率；而「知識創新力」決定了一個人將所學知識轉化為創新想法的效能。這兩個能力是需要通過知識管理來加強的，這樣一個人的「知識資本」、「創新資本」和「關係資本」得以提升。

什麼是「知識資本」、「創新資本」和「關係資本」呢？

　　「知識資本」是人或組織創造、儲存、分享、應用知識的能力，這種知識迴圈的能力越強，知識資本就能積累得越深厚；「創新資本」是人或組織根據已有的技能或知識進行知識創新的能力，這種能力的核心點在於根據市場需求，使得自身的知識形成產品；「關係資本」是通過創新的知識形成自身的影響力，進而強化自己的人脈和關係網的能力，通過知識創新而提升的人脈和關係越強，「關係資本」就越雄厚。

　　知識創新性也會導致企業員工職業發展的變化，由原來的專家型人才變為複合型人才。知識行動力和知識創新力都會影響著員工的能力，從而也從某種程度上決定了未來組織專案活動的效率，因此我們說，在未來專案管理學科中一定會大大加強知識管理的比重和重要性。

　　串聯所有相關資訊的系統思考圖形不僅可以清楚看見

對策或行動如何解決問題並進行目標趨近的迴圈，而且圖形易懂並有完整的故事性，非常適合作爲專案管理知識管理或經驗學習使用。

02 以華為學習型組織為例，打造策略系統思考分析圖

　　接下來我們藉由華為學習型組織打造案例來說明如何運用系統思考分析圖的繪製以具體展現知識管理與經驗學習。黃衛偉主編的《以客戶為中心》一書提到「從企業活下去的根本來看，企業要有利潤，但利潤只能是從客戶那裡來。華為的生存本身是靠滿足客戶需求，提供客戶所需的產品和服務並獲得合理的回報來支撐。」、「企業生產最主要的目標是服務客戶獲取利潤」、「為客戶提供即時、準確、優質、低成本的服務，是我們生存下去的唯一出路。」、「客戶的利益所在，就是我們生存與發展最根本的利益所在。我們要以服務來定隊伍建設的宗旨，以客戶滿意度作為衡量一切工作的準繩。」；另外，在世界經理人網站文章《華為的「學習型組織」是如何煉成的？》（來源：www.ceconline.com; 作者：Marina）提到任正非說：「在華為，人力資本的增長要大於財務資本的增長。

追求人才更甚於追求資本，有了人才就能創造價值，就能帶動資本的迅速增長。」、「華為強調，人力資本不斷增值的目標優先於財務資本增值的目標，但人力資本的增值靠的不是炒作，而是有組織的學習。」、「而讓人力資本增值的一條途徑就是培訓，華為的培訓體系經過多年的積累已經自成一派。」；雖然上述書籍與文章來源不同，透過系統思考可以將其資訊整合，如圖 5-1 的內部培訓體系策略系統思考分析圖所示。

圖 5-1 顯示華為的思想核心是以「客戶」與「利潤」為中心，為了達成目標利潤，需要採用內部培訓體系的對策，現況與目標的差距越大，對策的規模就越大。內部培訓的目的是要提升員工的技術與管理能力，能力的提升就是具體的人力資本增值的表現。增值的人力資本可以為客戶提供更即時、準確、優質、低成本的服務以增加客戶的滿意度與價值感受。客戶滿意度與價值感受的提升會讓客戶願意委託更多訂單，進而提高現況的收益。

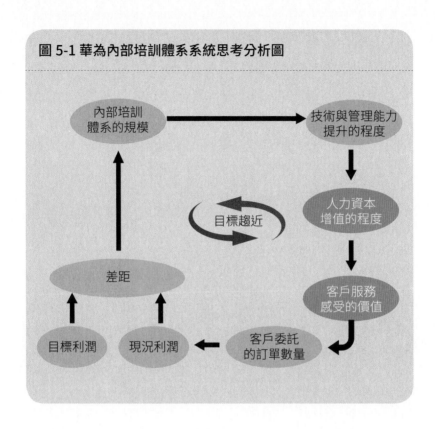

圖 5-1 華為內部培訓體系系統思考分析圖

　　圖 5-1 可以細化成下列四個構面（問題或目標構面、專案或專案集構面、交付標的或效益構面、利害關係人的價值或期望構面）以利更高效進行專案管理的經驗學習與知識管理。

構面⑴ **問題或目標構面**：展現組織或團隊要解決的問題或想要達成的策略目標，如圖 5-2 所示。

圖 5-2 華為內部培訓體系系統思考分析圖——問題或目標構面

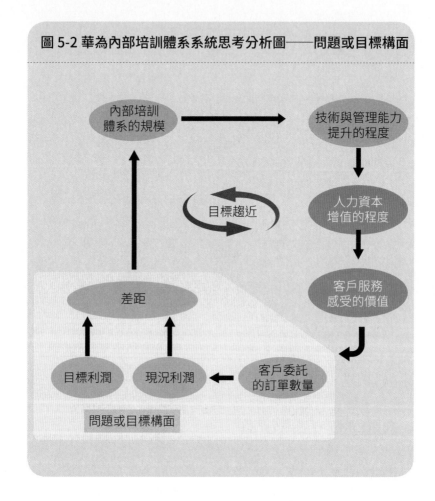

構面⑵ 專案或專案集構面：解決問題或達成策略目標所採用的專案或專案集，如圖 5-3 所示。

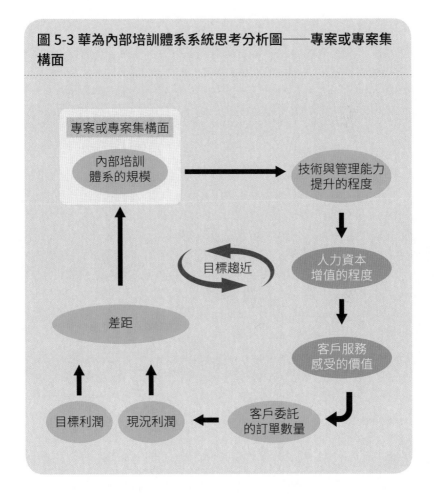

圖 5-3 華為內部培訓體系系統思考分析圖──專案或專案集構面

構面⑶ 交付標的或效益構面：專案或專案集要得到的交付標的或效益，如圖 5-4 所示。

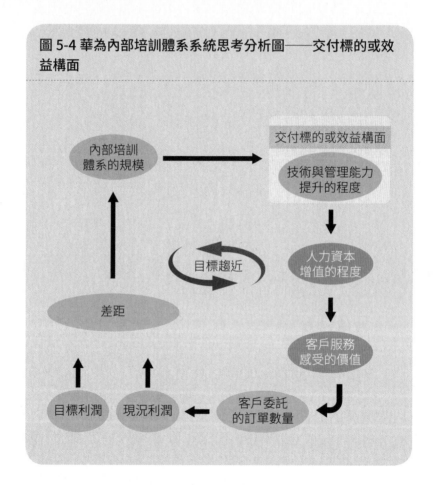

圖 5-4 華為內部培訓體系系統思考分析圖──交付標的或效益構面

構面⑷ 利害關係人的價值或期望構面：利害關係人對於專案或專案集的交付標的或效益所感受的價值或期望，如圖 5-5 所示。

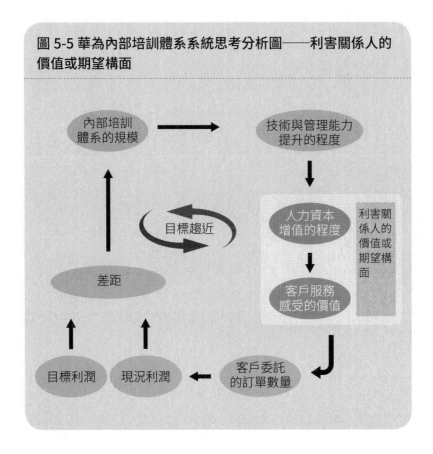

圖 5-5 華為內部培訓體系系統思考分析圖──利害關係人的價值或期望構面

《華爲的「學習型組織」是如何煉成的？》一文也提到如何才能讓新員工主動學習、提高自己呢？「華爲採取的辦法是全面推行任職資格制度，並進行嚴格的考核，從而形成了對新員工培訓的有效激勵機制。譬如華爲的軟體工程師可以從一級開始做到九級，九級的待遇相當於副總裁的級別。」、「除任職資格制度外，華爲還通過嚴格的績效考核，運用薪酬分配這個重要手段，來實現『不讓雷鋒吃虧』承諾。」；透過系統思考與四個構面（問題或目標構面、專案或專案集構面、交付標的或效益構面、利害關係人的價值或期望構面）將上述資訊與圖 5-1 整合，便形成如圖 5-6 的「內部培訓體系建置＋任職資格制度與考核」系統思考分析圖。由圖 5-6 可以發現任職資格制度與考核嚴格度會形成有效的激勵，這種激勵會增加員工主動學習意願，員工自我主動的學習意願會讓人力資本增值。

　　《華爲的「學習型組織」是如何煉成的？》一文接著提到「華爲員工『之』字形個人成長，即一個員工如果在研發、財經、人力資源等部門做過管理，又在市場一線、代表處做過專案，有著較爲豐富的工作經歷，那麼他在遇

圖 5-6 華為「內部培訓體系建置＋任職資格制度與考核」系統思考分析圖

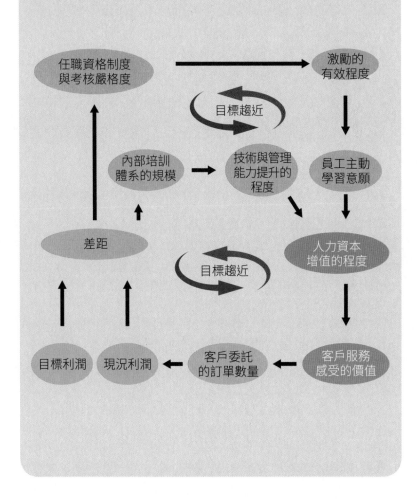

到問題時，就會更多從全域考慮，能端到端、全流程地考慮問題。」；由上述可知崗位輪換的策略將能有效提升員工洞察問題全貌的能力，進而增值人力資本，如圖5-7所示。

《以客戶爲中心》一書與《華爲的「學習型組織」是如何煉成的？》一文都不約而同指出華爲認爲未來的戰爭是班長（這裡班長指的是專案經理）的戰爭，班長們需要具有調度資源、即時決策的授權，這種以功能爲中心改成以專案爲中心的轉變，讓前線作戰的能力更加提升與對客戶的應變更加靈活。透過系統思考將上述資訊與圖5-7整合，便形成如圖5-8的「內部培訓體系建置＋任職資格制度與考核＋崗位輪換＋前線組織授權程度」系統思考分析圖。

《以客戶爲中心》一書也提及華爲是最早實行「導師制」的企業，這個制度可以有效提升新人戰力。華爲對導師的確定必須符合兩個條件：一是績效必須好，二是充分認可華爲文化，這樣的人才有資格擔任導師。導師除了對新員工進行工作上指導、崗位知識傳授外，還要給予新員

圖 5-7 華為「內部培訓體系建置＋任職資格制度與考核＋崗位輪換」系統思考分析圖

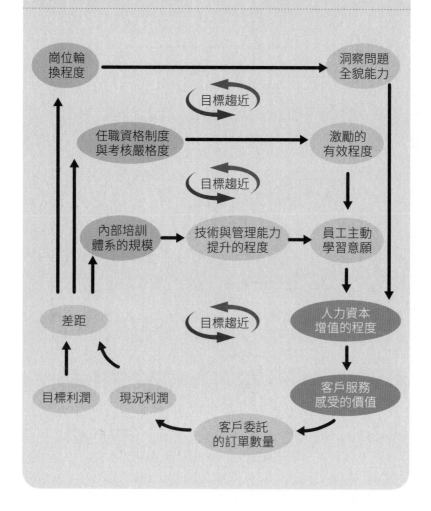

圖 5-8 華為「內部培訓體系建置＋任職資格制度與考核＋崗位輪換＋前線組織授權程度」系統思考分析圖

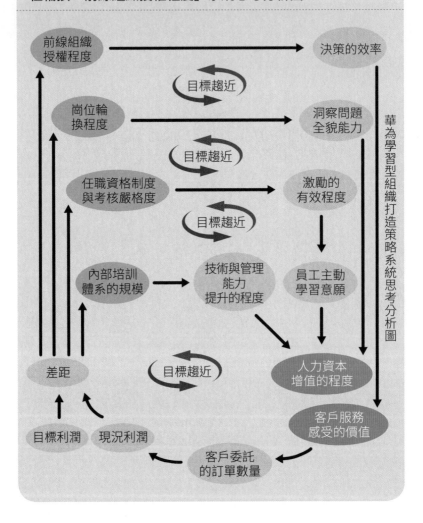

工生活上的全方位指導和幫助，包括幫助解決外地員工的吃住安排，甚至化解情感方面的問題等。透過系統思考將導師制的資訊與圖 5-8 整合，便形成如圖 5-9 的「內部培訓體系建置＋任職資格制度與考核嚴格度＋崗位輪換＋前線組織授權程度＋導師制度」系統思考分析圖。

系統思考從整個系統的角度將各方面要素進行系統整合，使得各領域（內部培訓體系、任職資格體系、輪崗體系、一線授權體系和導師制度）既相互影響，又相互貢獻，最終達成學習型組織戰略目標的實現。

『對策有時可能比問題本身更糟（飲鴆止渴）』，系統思考分析圖除了思考對策的問題解決之外，還能誘發思考對策會不會產生後遺症或反效果，進而一段時間後讓原有問題更嚴重。若對策有後遺症，就得再提出配套措施來防止後遺症的發生。舉例而言，像上述的華為案例，如圖 5-9 所示，導師制度中導師所負責帶領的新人若太多，會嚴重影響導師的現有工作，進而影響整體生產力，所以配套制度就可能會規定每位導師帶領兩名新人為限制。

《以客戶為中心》書中強調華為公司認為其最大的浪

圖5-9「內部培訓體系建置＋任職資格制度與考核嚴格度＋崗位輪換＋前線組織授權程度＋導師制度」系統思考分析圖

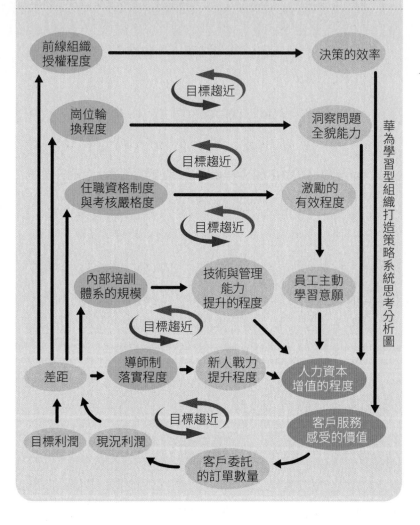

費是經驗的浪費，需要通過編寫案例來總結經驗、共用經驗與開拓視野。上述華為學習型組織打造案例的圖 5-9 若加上四個構面的描繪，如圖 5-10 所示。就可以發現系統思考分析圖是在問題解決與經驗學習時，比文字和表格更加容易進行溝通與分析的工具，所謂「知識不等於智慧，智慧不等於問題解決能力，問題解決需要找到對的工具與方法。」就是這樣的道理。企業的專案管理辦公室（PMO）若能在專案管理各層組織內推廣系統思考分析圖，將能有效彙整各專案的問題解決經驗學習，讓組織的專案管理工作能達到「借力使力不費力」境界。

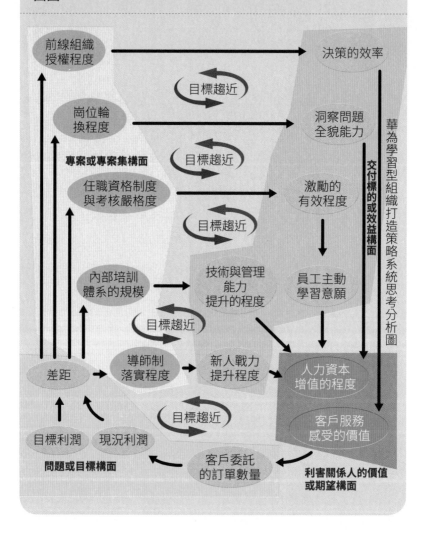

圖 5-10「內部培訓體系建置＋任職資格制度與考核嚴格度＋崗位輪換＋前線組織授權程度＋導師制度」系統思考分析構面圖

視線變遠見——用八爪章魚系統思考，擺脫窮忙無效的專案管理與企業決策

NOTES

如何設計高效專案管理儀表板？

從第一到第五章，我們運用系統思考的方法來分析專案管理中普遍存在的痛點，如「經常加班趕工」、「知識難以積累」等問題。利用八爪章魚覓食術的方法，可以將專案管理系統剖析成目標、現狀、差距、措施 (對策)，以及措施 (對策) 所引起的效果和後遺症。專案就是在這樣的「目標趨近」的回饋迴路中逐漸完成的。當然，有時措施 (對策) 所導致的後遺症也可能讓專案進入一種惡性循環，最終使得專案不能如期、如質、如預算完成。以上八爪章魚覓食術對專案管理過程的分析是定性分析的方法，定性分析的方法能幫助我們看清事物的本質，有時候能夠產生醍醐灌頂的效果。然而，在具體的操作層面，卻常常更加需要量化模型的支援，定量分析幫助我們準確掌握情況，是制定措施 (對策) 的必要工作。這一章，我們將要介紹系統動力學模型，對前幾章的八爪章魚覓食術「目標趨近」回饋迴路進行量化模擬，以得到專案管理的儀表板，有效幫助專案經理進行科學決策。

01 系統思考的量化建模方法——系統動力學

系統動力學 (system dynamics, SD) 是美國麻省理工學院 (MIT) 的佛瑞斯特 (J.W.Forrester) 教授為分析生產管理及庫存管理等企業問題提出的系統模擬方法，最初叫工業動態學。這是分析研究資訊回饋系統的學科，有助於認識系統問題和解決系統問題。它基於系統論，吸收了控制論、資訊理論的精髓，是一門綜合自然科學和社會科學的交叉學科。

系統動力學在本質上認為：結構決定了行為，行為決定了事件。

例如如果一家企業工資過低，那麼就招聘不到好的人才，有才能的人會離職去相似的企業以獲得更高的工資，而公司招聘來的人卻才幹有限，都是其他相似企業不願意要的。這樣一來，這家企業生產提供的商品或者服務的品質就會下降，企業的產品難以銷售，利潤減少，不得不繼

續削減人員的開支，或者減少人員或者降低工資。這樣的惡性循環最終會使企業走上倒閉破產的道路，不然的話，有些企業就會以次充好，發生產品品質事故。當產品品質事故被曝光之後，企業往往被罰款，被要求加強品管部門的工作，然而問題的根源並非在品管部門，也不是在生產部門，而是這個系統的結構決定了事物的發生發展過程，以及最終爆發的事件。

描述系統結構的方法 —— 因果回饋迴路

因果關係是我們經常說起或聽到，但是因果回饋迴路的思考方法卻很少被提起。比如部門主管經常說，因為手下的員工工作不努力所以部門業績不好，但是很少有人繼續思考，為什麼員工不努力工作？也許這個部門裡面一直有一種懶散推託的風氣，讓大家都不想努力工作，而不想努力工作的想法又更助長了這種懶散推託的風氣。這種從A出發，影響到B發生改變，影響到C發生改變，影響到D發生改變，最後又回頭過來影響到A發生改變的情

圖 6-1 因果回饋迴路

$$A \longrightarrow B \longrightarrow C \longrightarrow D$$

況，就稱爲因果回饋迴路，如圖 6-1。

佛瑞斯特教授指出系統雖然很複雜，但是只存在兩種因果回饋迴路。一種是加強型的回饋迴路，一種是平衡型的回饋迴路。如果 A 的變化（增加／減少），引起回饋迴路中各個環節（變數）的變化，回到 A 的時候引起了 A 同方向更大的變化（更增加／減少），這是加強型的回饋迴路。比如學校的口碑提升了，吸引來的學生會更好，培養出來的學生就會更好，學校後續的口碑也就更好了（如圖 6-2a）。當然，加強型的回饋迴路並不一定是「好」的迴路，它可能是越來越好的情況，也可能是越來

越差的情況。一個學校的口碑下降，吸引來的學生品質下降，培養出來的學生品質下降，學校後續的口碑就更差。

與加強型的回饋迴路相反，對於平衡型的回饋迴路，如果 A 的變化（增加／減少），引起回饋迴路中各個環節（變數）的變化，回到 A 的時候引起 A 的反方向變化，（使 A 減少／增加）。比如開私家車的人多了，交通擁堵的程度會加劇，就會導致不少人寧願出門選擇乘坐大眾運輸工具也不願購買私家車，這時私家車的數量就會減少，交通擁堵的程度也會減低，這就是一個平衡型的回饋迴路（如圖 6-2b）。圖 6-2a 與圖 6-2b 中的「＋」表示正向因果關係 (箭頭兩側因與果的變化同一方向，「因」增加則「果」增加或「因」減少則「果」減少)，而「－」表示負向因果關係 (箭頭兩側因與果的變化不同方向，「因」增加則「果」減少或「因」減少則「果」增加)。

　　雖然只存在兩種因果回饋迴路，但是一個系統裡通常會存在多個回饋迴路，而各個回饋迴路發生作用的時間又不同，因此，系統的行為大多呈現出非線性的情況。比如私家車和交通擁堵的關係，汽車工業剛剛起步的時候，開

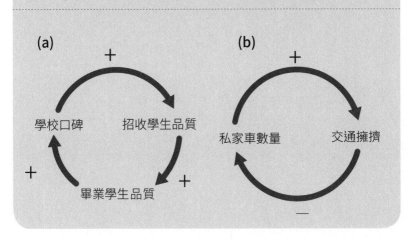

圖 6-2(a) 加強型回饋迴路圖、(b) 平衡型回饋迴路圖

(a)

學校口碑　　招收學生品質

畢業學生品質

(b)

私家車數量　　交通擁擠

私家車的人增加，導致了更多的人願意買車開車，這樣開私家車的人就更多了，這也使得汽車生產量增加，成本下降，價格下降，這樣能買車的人就更多了，開私家車的人也就更多了。這裡存在多個加強型回饋迴路，使得私家車越來越多，而這個時候，道路上的車雖然越來越多，卻還沒有出現擁堵的狀況，平衡型的回饋迴路並不發生作用，直到私家車的數量增加到道路的負載上限之後，道路開始擁堵，平衡型回饋迴路才開始發生作用。這其中可能還包

括道路擁堵加劇之後，政府增加道路建設，提高道路負載，減少擁堵的平衡型回饋迴路，然而擁堵減少之後，買車的人會增加，開車的人會增加，又會增加道路擁堵情況。由此可見，這個系統中存在多個加強型回饋迴路和平衡型回饋迴路，系統的行為呈現出非線性的情況，這時就需要模型以利我們對系統行為進行有效掌握。

系統動力學模型——流量存量

為了模擬系統動態變化發展的過程，系統動力學模型中有一類特殊變數，存量（stock）。

存量，又稱狀態變數，用來表徵系統的狀態，為行為和決策提供資訊基礎。比如上面例子中的私家車數量就是存量。存量的數值在任何一個時間點都可以通過量測來得到，同時存量又是隨著時間而變化。

存量的改變是由流入量和流出量決定的。例如，去年年底某地區私家車數量是 4 萬量，如果今年有 5,000 人購買私家車，有 4,000 輛私家車報廢了，那麼到今年年底，

就有 41,000 輛私家車了。購買私家車和私家車報廢是私家車數量這個存量的流入量和流出量。流入量和流出量統稱為流量，流量是速率變數，表示一段時間內存量增加或者減少的數量。存量不會無緣無故的出現或者消失，它的增加或者減少必須通過流入量和流出量才能發生，就仿佛一缸水的變化是有水流入或者有水流出。

然而，同時存量往往也影響流量。比如私家車通常可以使用 8~10 年，那麼，隨著私家車數量的增加，每年私家車的報廢量也會增加。流量影響存量，存量反過來影響流量，這就是一個因果回饋迴路了。

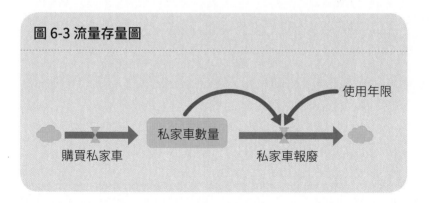

圖 6-3 流量存量圖

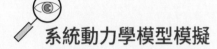

系統動力學模型模擬

　　我們藉由私家車的例子簡單示範系統動力學的模型模擬。私家車是存量，為流入量和流出量的累積變化，我們假設私家車數量初始時刻 t_0 為 40,000 輛。

$$私家車數量 (t) = \int_{t_0}^{t} [\, 購買私家車 (t) - 私家車報廢 (t)] \, dt + 私家車數量 (t_0)$$

$$私家車數量 (t_0) = 40,000 （輛）$$

　　購買私家車是流入量，假設購買私家車是需要拍照存證的，而每年地方政府都提供 5,000 張拍照，都會被用完，那麼每年購買私家車的數量就是 5,000 輛。

$$購買私家車 = 5,000 （輛／年）$$

　　私家車報廢是流出量，它與私家車的使用年限成反比例。

私家車報廢＝私家車數量／使用年限

　　使用年限是輔助變數，輔助變數可以是隨時間變化的，也可以是常數。這裡使用年限是常數，設置 10 年。

使用年限＝ 10（年）

　　這樣所有的變數都已經完成量化的工作，或者給定計算公式，此時模型就可以進行模擬了。如圖 6-4 所示，模型的模擬結果可以看到，購買私家車一直是每年 5,000 輛，私家車的報廢隨著私家車數量增加而增加，私家車的數量一開始隨著時間逐漸增加，然後穩定在 50,000 輛，這個時候每年購買私家車 5,000 輛，每年報廢 5,000 輛，私家車的數量不再發生變化。

　　以上，我們簡單的介紹了系統動力學的一些核心觀念，以及模型的建構與模擬。接著，我們將要介紹如何將系統動力學模型應用到專案管理中。

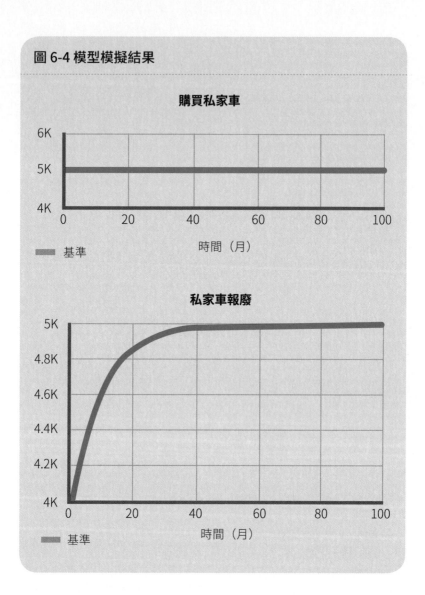

圖 6-4 模型模擬結果

購買私家車

基準

時間（月）

私家車報廢

基準

時間（月）

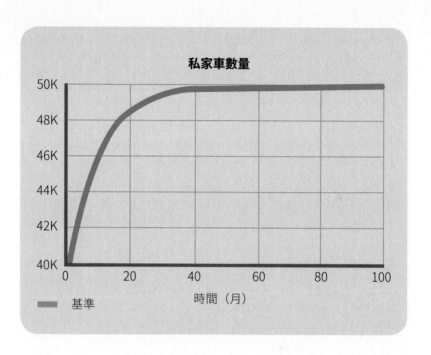

私家車數量

基準

時間（月）

首先我們看一個最簡單例子，就是專案中進度如期完成的情況。應用八爪章魚覓食術的方法，我們可以繪製系

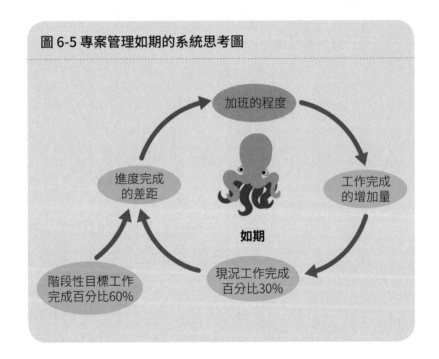

圖 6-5 專案管理如期的系統思考圖

加班的程度

工作完成的增加量

現況工作完成百分比30%

如期

階段性目標工作完成百分比60%

進度完成的差距

統思考圖，如圖 6-5 所示。首先，我們有一個階段性計畫的目標工作完成百分比，實際情況中，我們會得到一個現況工作完成百分比，如果發現現況與目標有顯著差距，我們就會提出對策因應，最常用的方法就是加班，加班後會讓工作完成量增加，使得現況工作完成百分比更趨近於我們的目標。

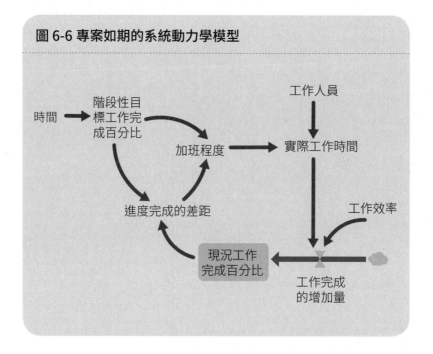

圖 6-6 專案如期的系統動力學模型

基於定性的系統思考，構建定量的系統動力學模型，如圖 6-6 所示。這其中存在一個平衡型的回饋迴路，也就是當現況工作完成百分比低的時候，進度完成差距就大，加班程度就會上升，加班讓工作完成量增加，進而現況工作完成百分比就會增加。

下面我們就開始給這個模型的變數進行量化工作或者給定計算公式。假設我們現在有一個專案，軟體開發的專案或者工程施工的專案或者其他中長期專案，要進行 1 年（50 週），總預算是 5 百萬元，專案的進度情況是前 5 週，完成專案的 5%，到 20 週，完成專案的 25%，到 40 週，完成專案的 90%，最後 10 週，完成 100%。

階段性目標工作完成百分比其實就是我們的計畫進度。因此，我們設置一個隨時間變化的表。

階段性目標工作完成百分比＝

WITH LOOKUP [Time,((0,0),(5,0.05),(20,0.25),(40,0.9),(50,1))]

現況工作完成百分比是在任何時點可以量測的，是隨

著工作完成增加量而逐步增加的，所以模型中將這個變數設計為存量。工作完成的增加量是流入量。這個存量目前沒有流出量。初始的現況工作完成百分比是 0。

現況工作完成百分比 $(t) = \int_{t_0}^{t}$ 工作完成增加量 $(t)dt +$ 現況工作完成百分比 (t_0)

現況工作完成百分比 $(t_0) = 0$

進度完成的差距＝階段性目標工作完成百分比－現況工作完成百分比

加班程度由進度完成差距決定。

加班程度＝進度完成的差距／階段性目標工作完成百分比

實際工作時間＝工作人員 $\times$（1＋加班程度）

假設案例中由 20 個人組成專案團隊。

計畫人員＝ 20

工作完成的增加量＝實際工作時間 × 工作效率

　　按照 20 個人工作 50 週完成 100% 專案的進度，那麼工作效率便是平均每週每人完成專案的 0.1%，因此工作效率設為 0.001。

工作效率＝ 0.001

　　圖 6-7 是系統動力學模型的模擬結果。完工百分比這張圖中標有 1 的線是專案計畫完工比例，標有 2 的線是實際的專案進度。模擬結果（基礎模擬 1）可以看出，如果這個專案團隊上一直布署 20 個人，由於此專案初期進度略低，一開始的實際進度比計畫略快，而 20 個人並未達到工作負荷上限，加班程度是 -30% 左右，即 1／3 左右的人沒有事情做，或者說每個人的工作量只有 26 小時／週（正常工作量是每週40個小時）。而到了專案的中後期，20 個人又出現了不夠用的情況，加班的程度達到 20% 左

右，即平均每人工作量達到 48 小時／週。

在這樣的案例設計下，我們可以發現，此案例專案的人員安排是不合理的，如果初期的工作相對較少，那麼團隊初期不需要那麼多人員，而後期工作相對較多，可以增加人手，這樣就不會形成現在這樣子，期初浪費了資源而後期有趕工的情況了。最後在趕工的情況下，還是沒有在 50 週準時完成專案，還有 5% 的專案最後沒有完全完成。系統動力學的模型給我們的第一條啟示是：按照專案計畫的進程合理安排人員。如果專案前期工作比較緊，那麼前期要多安排人員，而後期工作比較輕鬆的話，後期應該逐漸撤出人員。

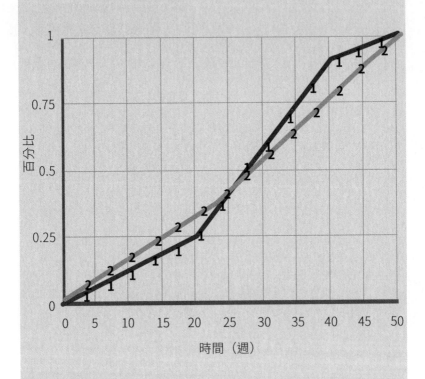

圖 6-7 如期模型模擬結果

階段性目標工作完成百分比：基礎模擬 1 — 1 1 1 1 1 1
現況工作完成百分比：基礎模擬 1 —— 2 2 2 2 2

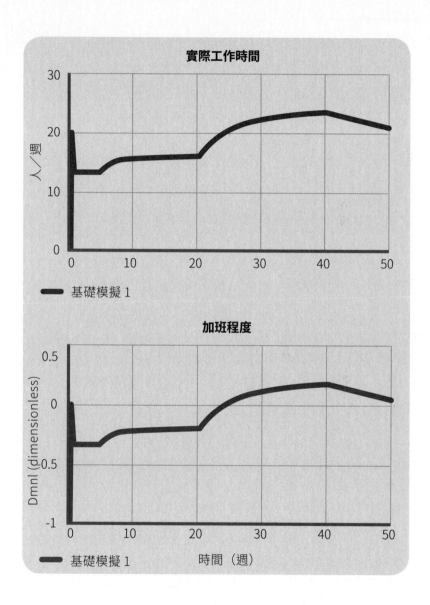

03 專案管理「如期如質」的系統動力模型

　　專案管理如期模型中，大家可能會感覺到加班趕工是一個達到如期完工的好方法，然而加班趕工會產生一個副作用，那就是疲勞會讓專案的品質下降。如果要保證專案的品質，那就需要重工（或重做），會造成更大的加班趕工問題。以下圖 6-8 是對這個問題的系統思考圖。

　　基於定性的系統思考，構建定量的系統動力學模型。在圖 6-6 的模型基礎上，再增加相應的變數，「疲勞程度」、「做錯機率」和「品質不良率」。這些變數都是輔助變數，他們之間的關係可能是線性相關，也可能是非線性的。如根本沒有加班，疲勞程度定義為 0，而稍微有一定程度加班的時候，疲勞程度稍微提高，但是做錯的機率並沒有發生變化，而當加班程度提高到一定程度之後，做錯的機率會大幅度提高。這兩者之間的關係根據專案情況不同而不同，可以根據歷史資料進行分析測量獲得。

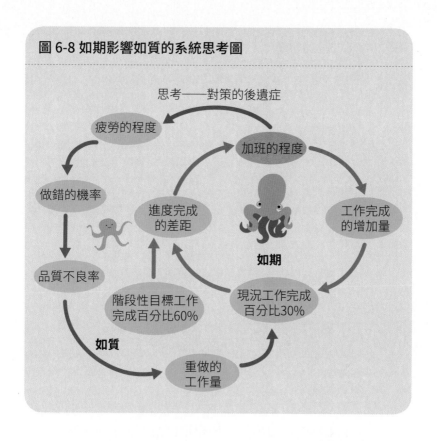

圖 6-8 如期影響如質的系統思考圖

思考——對策的後遺症

疲勞的程度

加班的程度

做錯的機率

進度完成
的差距

工作完成
的增加量

如期

品質不良率

階段性目標工作
完成百分比60%

現況工作完成
百分比30%

如質

重做的
工作量

　　由於不是基於實際案例，缺乏資料，我們對於這幾個變數的關係無法進行實測。簡便起見，我們做了線性相關的假設。下圖 6-9 是系統動力學的模型，灰色的部分是這次新增加的回饋迴路。

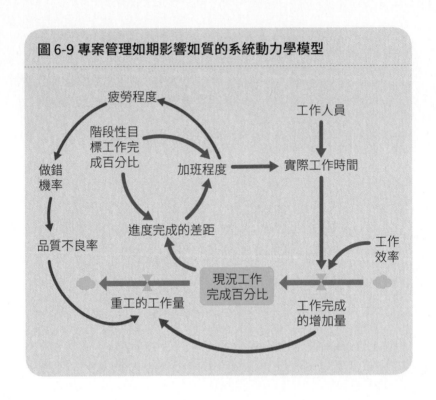

圖6-9 專案管理如期影響如質的系統動力學模型

疲勞程度

階段性目標工作完成百分比

加班程度

工作人員

實際工作時間

做錯機率

品質不良率

進度完成的差距

工作效率

現況工作完成百分比

重工的工作量

工作完成的增加量

下面我們為新增加的模型部份給定公式，並進行量化的工作。

在這個模型中，現況工作完成百分比不僅僅有流入，還有流出，流出就是「重工的工作量」。因此，現況工作完成百分比的公式改變為：

現況工作完成百分比 $(t) = \int_{t_0}^{t}$（工作完成增加量 $(t) -$ 重工工作量 (t)）$dt +$ 現況工作完成百分比 (t_0)

現況工作完成百分比 $(t_0) = 0$

重工的工作量＝工作完成的增加量 × 品質不良率

品質不良率＝做錯機率

　　此案例假設做錯的機率最小是 0，即完全不加班的情況下，做錯的機率為 0。當然，做錯機率肯定不會低於 0，但是現實生活中，即使在完全不加班的情況下，還是有可能還是會出現一定的錯誤的，做錯機率最小值未必是 0，要根據具體的情況進行量化。

做錯概率＝ MAX（疲勞程度，0）

疲勞程度＝加班程度

　　圖 6-10 是系統動力學模型的模擬結果。完工百分比這張圖中標有 1 的線是專案計畫完工比例，標有 2 的線是實際的專案進度。模擬結果（基礎模擬 2）可以看出，開

始時與如期模型的結果是一樣的，工作量不足。而到了專案的中後期，實際完工百分比大大落後於計畫完工百分比，到了 50 週的時候，只完成了專案的 88%，還有 12% 的項目沒有完成。這是由於專案進入中後期時，進度加快，20 個人出現了不夠用的情況，開始加班趕工，但是加班趕工為專案帶來副作用，亦即疲勞使得品質不良率提高，重工的工作量增加，這又增加了加班的強度，在這樣的情況下，我們看到加班的程度達到 25% 左右，即平均每人工作量達到 50 小時／週。而品質不良率一度超過到了 20%，有超過 1/5 的完工工作需要重工。因此，專案進度就大大落後於計畫了。

　　加班是經常使用的讓專案如期完工的手段，然而，通過系統動力學的模擬，我們會看到，加班之後，由於工作品質的下降，會導致重工量的增加，更加嚴重的拖延專案的進度。這就是專案管理中經常遇到的問題，專案團隊工作的非常辛苦，常常需要修改之前做的工作，加班不斷，但是最後還是不能夠準時完成任務。一旦進入這樣的惡性循環，對於專案的進展是十分不利的，專案經理應即時進

行調整，修整團隊，充分休息，提高完成任務的品質，減少加班，這樣才能使專案順利進行。

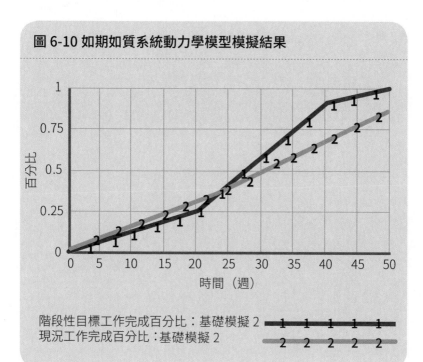

圖 6-10 如期如質系統動力學模型模擬結果

階段性目標工作完成百分比：基礎模擬 2

現況工作完成百分比：基礎模擬 2

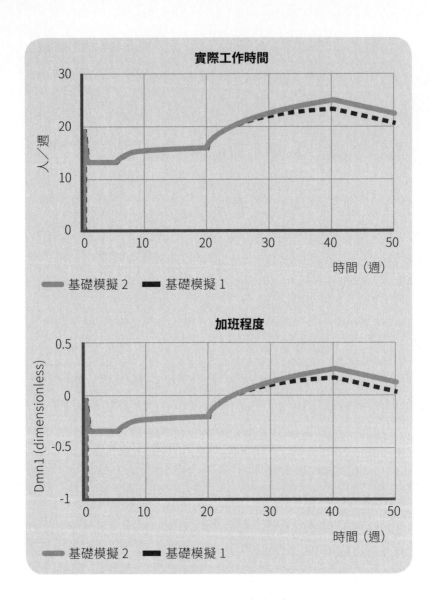

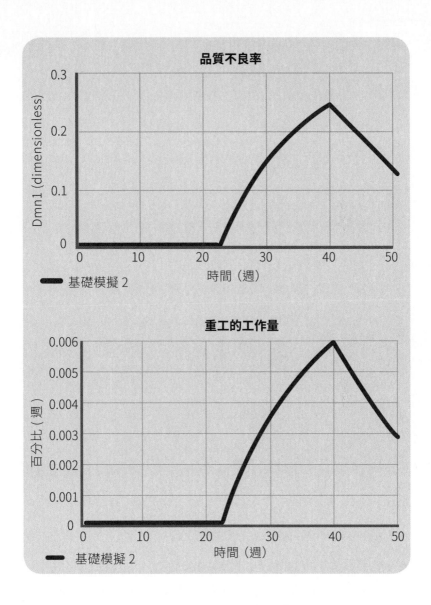

04 專案管理「如期如質如預算」的系統動力模型

　　大量的加班會增加許多額外費用開銷，為避免經費超支發生而採用裁減專案人員（專案如預算的對策），裁員將增加既有專案成員的工作量，額外的工作量會影響既有專案的完成進度。

　　基於定性的系統思考，構建定量的系統動力學模型。在圖 6-9 的模型基礎上，再增加相應的變數，「預算」、「實際成本」、「預算超支幅度」和「人員變動」等相關變數。實際成本是逐步增加的，因此是存量，流量是每週人員成本。每週人員成本包括計畫人員工資和加班費用。其他變數都是輔助變數，通過預算和實際成本可以計算出預算超支幅度，並根據這個幅度對人員進行調節，如果預算超支，則減少人員。下圖 6-12 是系統動力學的模型，灰色的部分是這次新增加的回饋迴路。

　　這裡讓我們再對案例的預算進行假設，如果平均成本

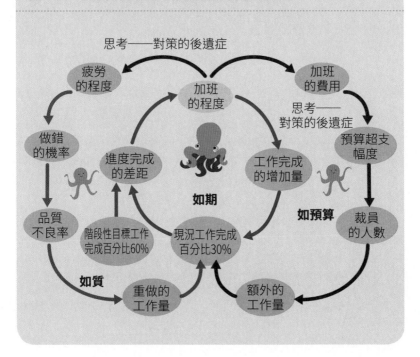

圖 6-11 專案管理如期如質如預算的系統思考

思考──對策的後遺症

疲勞的程度

加班的程度

加班的費用

思考──對策的後遺症

做錯的機率

進度完成的差距

工作完成的增加量

預算超支幅度

如期

如預算

品質不良率

階段性目標工作完成百分比60%

現況工作完成百分比30%

裁員的人數

如質

重做的工作量

額外的工作量

是每人每週 5,000 元，也就是每人每週 2 萬元，那麼總預算費用就是 5,000（元／人／週）×20（人）×50（週）= 5,000,000（元）。

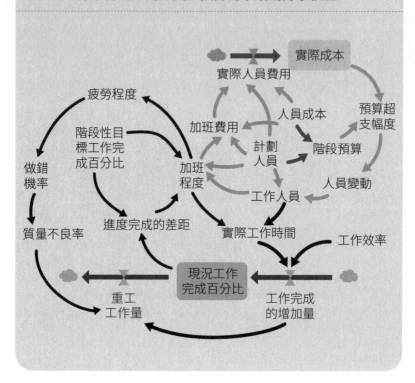

圖 6-12 專案管理如期如質如預算的系統動力學模型

實際成本

實際人員費用

疲勞程度

階段性目標工作完成百分比

加班費用

人員成本

預算超支幅度

階段預算

計劃人員

人員變動

做錯機率

加班程度

工作人員

質量不良率

進度完成的差距

實際工作時間

工作效率

重工工作量

現況工作完成百分比

工作完成的增加量

　　下面我們為新增加的模型部份給定公式，並進行量化的工作。實際成本是隨著時間累積發生的實際人員費用，初始值是 0。

$$實際成本\,(t) = \int_{t_0}^{t} 實際人員費用\,(t)dt + 實際成本\,(t_0)$$

$$實際成本\,(t_0) = 0$$

實際人員費用包括團隊人員正常的工資和加班費用。

$$實際人員費用 = 加班費用 + 計畫人員 \times 人員成本$$

$$人員成本 = 5,000\ \ (元\,/\,週)$$

加班費用和加班程度相關，當然，加班費用最小為 0，即使工作量不足，加班費用也不可能出現負數的情況。這裡還有一個簡單的假設，那就是加班一小時和平時工作一小時費用是一樣的，有的公司加班工資比正常工作的工資高一些，如果是這樣的情況，加班費用還要考慮這部分。

$$加班費用 = MAX(0, 加班程度 \times 計畫人員 \times 人員成本)$$

這考慮人員變動的情況下，加班程度不僅僅要考慮專

案進度落後的情況，還要考慮人員減少之後，剩下的團隊成員要分擔所有人員的工作。

　　加班程度＝（進度完成的差距／階段性目標工作完成百分比）× 計畫人員／實際人員

　　實際工作人員是根據人員變動而變化的，人員變動是與預算超支相關的。

　　實際人員＝計畫人員 ×(1 ＋人員變動)

　　人員變動＝0 －預算超支幅度

　　預算超支幅度＝（實際成本－階段預算）／階段預算

　　由於計畫一直有 20 個人布署在專案上，所以階段預算就是均勻分佈的。

　　階段預算＝計畫人員 × 人員成本 × 時間

　　圖 6-13 是如期如質如預算的專案管理系統動力學模

型的模擬結果。完工百分比這張圖中標有 1 的線是專案計畫完工比例，標有 2 的線是實際的專案進度。模擬結果（基礎模擬 3）可以看出，開始時與如期模型的結果是一樣的，工作量不足。而到了專案的中後期，實際完工百分比大大落後於計畫完工百分比，到了 50 週的時候，只完成了專案的 85%，還有 15% 的專案沒有完成。這是由於專案進入中後期時，由於進度加快，20 個人出現了不夠用的情況，開始加班趕工。加班趕工一方面降低了專案品質，使重工的工作量增加，又增加了加班的強度；另一方面，加班趕工增加了專案成本，為了控制預算，不得不削減專案團隊人員，那麼，被削減人員的工作就得分配給留下的人員，這樣就使得留下來的人員有更多加班，再一次進入一個惡性循環。在這樣的情況下，我們看到加班的程度達到 27% 左右，即平均每人工作量達到 51 小時／週。而品質不良率一度超過到了 25%，有超過 1/4 的完工工作需要重工，造成了大量的資源浪費。我們看到，雖然人員數量從 20 個人降低到 18 個人，然而，成本卻還是超支了。500 萬的預算最後實際發生了 550 萬才把專案做完。

圖 6-13 專案管理如期如質如預算的系統動力學模型模擬結果

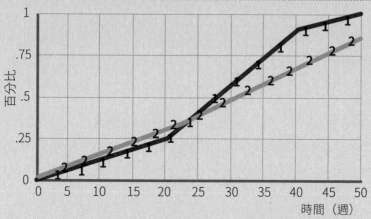

階段性目標工作完成百分比：基礎模擬 3 ━1━1━1━1━1━
現況工作完成百分比：基礎模擬 3 ━2━2━2━2━2━

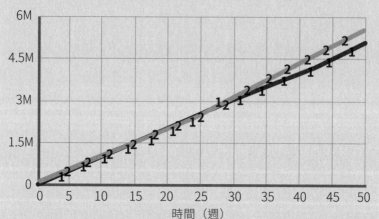

階段預算：基礎模擬 3 ━1━1━ 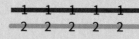 實際成本：基礎模擬 3 ━2━2━

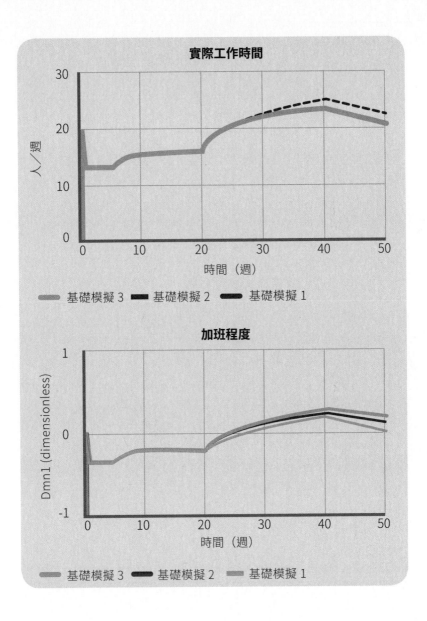

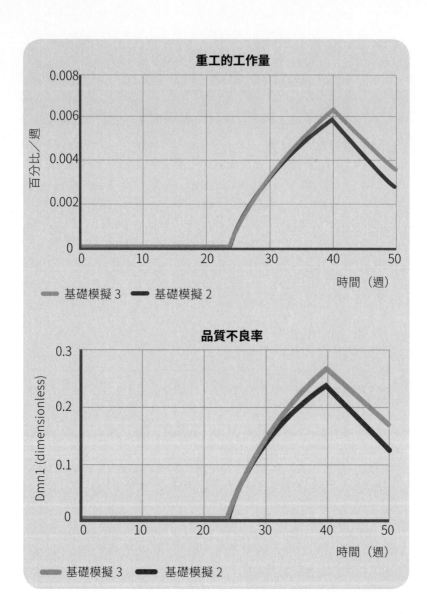

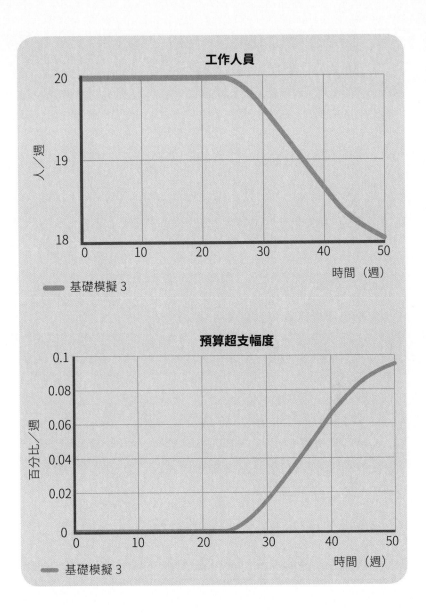

高效專案管理儀表板

在專案管理中，一般的重要管理儀表板資料就是專案進度、專案成本、專案品質，但是以上如期如質如預算的系統動力學模型顯示為了如期如預算通常採用的措施，如加班趕工、削減人員都存在副作用，造成加班程度提高，員工疲勞，最後做錯機率提高，重工的工作量增加。這樣最終會導致專案進度拖延，專案成本超支。

通過系統動力學建模分析，我們發現以下幾個重要的問題：

首先，在安排專案團隊人員的時候，不要採用固定人員數量的方法，要根據專案的實際進程來安排人員。穩定的專案團隊是重要的，可以在穩定的核心團隊的基礎上，根據專案進度適時的增加人手和削減人手。

其次，加班程度是一個重要指標，將加班程度控制在

較低的水準可以使出錯率降低，不發生重工就不會產生資源浪費的情況。這樣專案也可以按照計畫的進度準時完成。

　　再次，品質不良率也是一個重要的指標，如果出現品質不良的情況，就會產生重工，增加額外的工作量，這樣就會引起加班，造成額外的費用，最重要，加班引起的疲勞會增加出錯率，使重工量更增加，形成惡性循環。同時，為了因應超出預算的問題而削減人員之後也會引起專案團隊的加班，增加出錯率，這也是一個惡性循環。在惡性循環中，專案難以如期如質如預算完成。

　　針對上面案例的專案進度計畫，我們可以進行這樣的人員分配策略：前 5 週，派遣團隊核心 5 人，5 週後增加到 14 人直到 20 週。20 週後增加到 33 人直到 40 週。40 週後的收尾工作留 10 個人進行。基於這樣的設計，模擬的結果如下圖 6-14。圖中灰色的線是策略情境模擬，而橘色的線是上面運行的基礎模擬 3（baserun3）。

　　可以清晰的看到，相比於基礎模擬 3，策略模擬的結

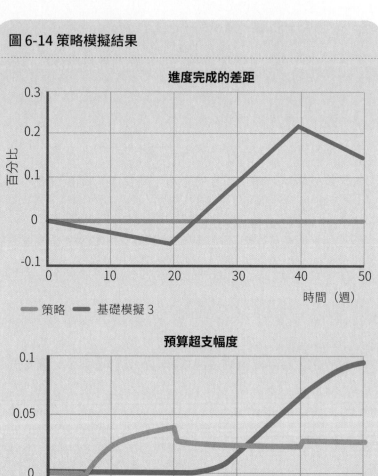

圖 6-14 策略模擬結果

進度完成的差距

百分比

0.3
0.2
0.1
0
-0.1

0　　10　　20　　30　　40　　50

時間（週）

▬ 策略　▬ 基礎模擬 3

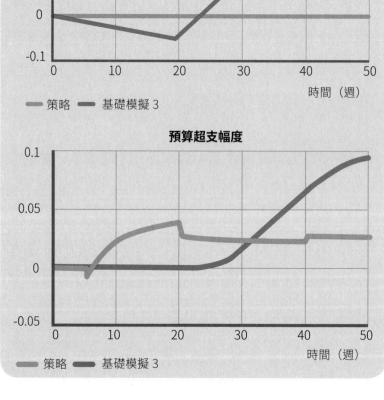

預算超支幅度

0.1
0.05
0
-0.05

0　　10　　20　　30　　40　　50

時間（週）

▬ 策略　▬ 基礎模擬 3

視線變遠見——用八爪章魚系統思考，擺脫窮忙無效的專案管理與企業決策

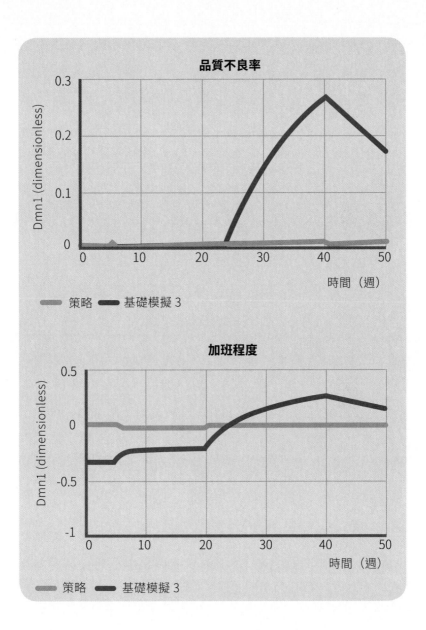

果有極大的改善。進度差距非常小，灰色的線基本上就在 0 的附近，不像基礎模擬 3 的情況，一會兒進度快了，一會兒進度又慢了。預算稍稍有些超支，大概在 2.5% 左右，基礎模擬 3 的情況超支在 10%，有很大的進步。值得注意的是，在策略模擬中，前半段時間，預算的超支幅度是大於基礎模擬 3 的，因為基礎模擬人員數量是固定的，那麼預算也是平均分配給各個階段的，然而專案進度初期比較鬆，使得初期沒有超出預算的情況發生，但是到了後期的時候，專案任務緊，加之專案團隊人員加班疲憊，使得專案成本迅速上升：25 週開始橘色的線，到 31 週，橘色的線已經超過了灰色的線，最終超支了 10%。在策略模擬中，品質不良率很低，加班程度也幾乎是 0，由此可見，整個專案進行的十分順利，團隊成員很少加班，專案按照進度完成，有 2.5% 的超支。

由此可見，對於專案的管理不能僅僅盯著成本和專案完成進度，加班程度、品質不良率才是重要的管理儀表板。如果能將這兩個變數控制在很低的水準，那麼專案能順利的完成，有時候，為了把這兩個變數控制在較低水

準，在專案初期稍微多投一點人力物力，反而可以使專案後期更加容易、順利，可以在後期節省時間和成本。

BIG 叢書 318

視線變遠見
用八爪章魚系統思考，擺脫窮忙無效的專案管理與企業決策

作　　　者 — 楊朝仲、于兆鵬、錢穎、陳國彰
主　　　編 — 林菁菁
企劃主任 — 葉蘭芳
封面設計 — 江儀玲
內頁設計 — 李宜芝
內頁繪製 — Kathy

董 事 長 — 趙政岷
出 版 者 — 時報文化出版企業股份有限公司
　　　　　　10803台北市和平西路三段240號三樓
　　　　　　發行專線／（02）2306-6842
　　　　　　讀者服務專線／0800-231-705、（02）2304-7103
　　　　　　讀者服務傳真／（02）2304-6858
　　　　　　郵撥／1934-4724時報文化出版公司
　　　　　　信箱／台北郵政79～99信箱
時報悅讀網 — http://www.readingtimes.com.tw
電子郵件信箱 — newlife@readingtimes.com.tw
法律顧問 — 理律法律事務所 陳長文律師、李念祖律師
印　　　刷 — 勁達印刷有限公司
初版一刷 — 2019年11月15日
定　　　價 — 新臺幣300元
（缺頁或破損的書，請寄回更換）

時報文化出版公司成立於1975年，
並於1999年股票上櫃公開發行，於2008年脫離中時集團非屬旺中，
以「尊重智慧與創意的文化事業」為信念。

視線變遠見 / 楊朝仲等著；林菁菁主編. -- 初版. -- 臺北市：時報文化, 2019.11
　　面；　　公分

ISBN 978-957-13-7990-6(平裝)

1.專案管理

494　　　　　　　　　　　　　　　　　　　　　　108016769

ISBN 978-957-13-7990-6
Printed in Taiwan